Exercise book for Astronomy-Space Test

天文宇宙検定

公式問題集
—— 天文宇宙博士 ——

天文宇宙検定委員会 編

1級
2024〜2025年

恒星社厚生閣

天文宇宙検定 とは

　科学は本来楽しいものです。楽しさは、意外性、物語性、関係性、歴史性、予言力、洞察力、発展性などが、具体的なものを通じて語られる必要があります。そして何よりも、それを伝える人が楽しまなければなりません。人と人が接し合って伝え合うことの大切さを見直してみる必要があるでしょう。

　宇宙とか天文は、科学をけん引していく重要な分野です。天文宇宙検定は、単に知識の有無を検定するのではなく、「楽しく」、「広がりを持つ」、「考えることを通じて何らかの行動を起こすきっかけをつくる」検定でありたいと願っています。

　個人の楽しみだけに閉じず、多くの市民に広がり、生きた科学に生身で接する検定を目指しておりますので、みなさまのご支援をよろしくお願いいたします。

総合研究大学院大学名誉教授

池内　了

天文宇宙検定1級問題集について

　本書は第2回（2012年実施）〜第16回（2023年実施）の天文宇宙検定1級試験に出題された過去問題と、予想問題を掲載しています。
・2ページ（見開き）ごとに問題、正解・解説を掲載しました。
・過去問題の正答率は、解説の右下にあります。

　天文宇宙検定1級は公式参考書として『極^{きょく}・宇宙を解く—現代天文学演習』（福江 純・沢 武文・高橋真聡編、恒星社厚生閣刊）を採用しています。検定問題の4割程度は公式参考書の範囲内から出題いたします。本書では、公式参考書からの出題は解答ページに「☞参考書○章○節」と示しました。

天文宇宙検定　受験要項

受験資格　天文学を愛する方すべて。2級からの受験も可能です。年齢など制限はございません。
※ただし、1級は2級合格者のみが受験可能です。

出題レベル　**1級 天文宇宙博士（上級）**
　　　　　　理工系大学で学ぶ程度の天文学知識を基本とし、天文関連時事問題や天文関連の教養力を試したい方を対象。

　　　　　　2級 銀河博士（中級）
　　　　　　高校生が学ぶ程度の天文学知識を基本とし、天文学の歴史や時事問題等を学びたい方を対象。

　　　　　　3級 星空博士（初級）
　　　　　　中学生が学ぶ程度の天文学知識を基本とし、星座や暦などの教養を身につけたい方を対象。

　　　　　　4級 星博士ジュニア（入門）
　　　　　　小学生が学ぶ程度の天文学知識を基本とし、天体観察や宇宙についての基礎的知識を得たい方を対象。

問題数　1級／40問　2級／60問　3級／60問　4級／40問

問題形式　マークシート4者択一方式　　試験時間　　50分

合格基準　1級・2級／100点満点中70点以上で合格
　　　　　　3級・4級／100点満点中60点以上で合格
　　　　　　※ただし、1級試験で60〜69点の方は準1級と認定します。

試験の詳細につきましては、下記ホームページにてご案内しております。
https://www.astro-test.org/

Exercise book for Astronomy-Space Test

天文宇宙検定

CONTENTS

5

1章

EXERCISE BOOK FOR ASTRONOMY-SPACE TEST

観測

次の4つの時間ア、イ、ウ、エを短い順に並べたものを選べ。

ア：宇宙が生まれてから現在までの時間

イ：O型星が生まれてから超新星爆発するまでの時間

ウ：M型星が生まれてから巨星に進化するまでの時間

エ：太陽が天の川銀河中心の周りを一周するのにかかる時間

① イーエーアーウ

② エーイーアーウ

③ イーエーウーア

④ エーイーウーア

天球全体は何srぐらいになるか。

① 約3 sr

② 約13 sr

③ 約23 sr

④ 約33 sr

銀河や星雲のように面積をもつ天体の表面輝度についての記述のうち、正しいものを選べ。

① 星間吸収の影響を無視すれば、距離によらず一定である

② 天の川銀河内にある星のような明るい天体について測定される

③ 電波観測ではジャンスキーという単位がよく使われる

④ その大きさは天体の見かけの広がりに比例する

図の上部の相対論的プラズマ領域の説明として誤っているものを選べ。

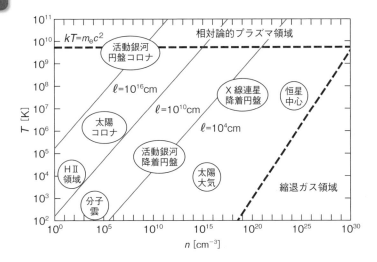

① プラズマガスの熱エネルギーが電子の静止質量エネルギーを超える

② プラズマ粒子の熱運動速度が光速に比べて無視できなくなる

③ プラズマガスの温度が約60億Kを超える

④ プラズマガスの重力エネルギーが電子の静止質量エネルギーを超える

天体における輻射の機構と種類の組み合わせで、誤っているものを選べ。

① 機構：黒体輻射　　　　　　　種類：連続スペクトル

② 機構：逆コンプトン散乱　　　種類：連続スペクトル

③ 機構：水素の超微細構造線　　種類：線スペクトル

④ 機構：シンクロトロン放射　　種類：線スペクトル

① イーエーアーウ

アは138億年、イは数百万年～1千万年、ウは1000億年以上、エは約2億年。天の川銀河を一周する間に、大質量星が誕生して超新星爆発するサイクルが何度も起こる。また、質量が小さい恒星の寿命は現在の宇宙年齢よりも長い。

② 約13 sr

円の弧の長さ l と半径 r の比率として、角度 θ を $\theta = l / r$ のように決める方法が弧度法で、このときの"単位"が rad（ラジアン）になる。円周全体は $2 \pi r / r = 2 \pi$ [rad]＝約6 rad となる。弧度法を円周から球面に発展させ、球面の面積 S を半径 r の2乗で割った $\Omega = S / r^2$ で立体角 Ω を定義して、このときの"単位"が sr（ステラジアン）になる。球面（天球）全体を見込む立体角は、$4 \pi r^2 / r^2 = 4 \pi$ [sr]＝約13 sr となる。（☞参考書1章1節）

第14回正答率66.7%

① 星間吸収の影響を無視すれば、距離によらず一定である

表面輝度とは広がった天体の単位表面積（単位立体角）あたりの明るさのことで、光学観測では $mag/arcsec^2$ などの単位で表され、電波観測では Jy/beam（望遠鏡のビームあたりのフラックス）、あるいは K（ケルビン、何度の黒体の輝度に相当するか）が使われる。ジャンスキー（$1\,Jy = 10^{-26}\,W/m^2\,Hz$）は mag に相当するフラックスの単位である。

第16回正答率18.8%

④ プラズマガスの重力エネルギーが電子の静止質量エネルギーを超える

プラズマガスの温度が約60億Kになると、粒子の熱エネルギーが電子の静止質量エネルギーぐらいになり（同時に熱運動速度も光速のオーダーになり）、粒子同士の衝突によって電子・陽電子対生成などが生じるようになる。このような超高温プラズマを相対論的プラズマと呼ぶ。相対論的プラズマには、重力エネルギーの大小は直接関係しないので④が誤りであり、正答となる。なお、実際、ブラックホール近傍では、相対論的プラズマも存在するが、数十万Kや数千万K程度の比較的低温のプラズマも存在する。
（☞参考書1章1節）　　　　　　　　　　　　　　　　 第13回正答率58.4%

 ④ 機構：シンクロトロン放射　　　種類：線スペクトル

シンクロトロン放射は、磁場中を相対論的速度をもつ電子が運動するときに放射される電波で、べき乗型スペクトルを示す連続スペクトルになる。したがって、④の組み合わせが間違っており、④が正答となる。水素の超微細構造線は、中性水素が放射する波長21.1cmの線スペクトルである。（☞参考書1章6節）　　　　　　 第14回正答率53.9%

Q6 図は、太陽系の8個の惑星の軌道長半径、赤道半径、質量、平均密度を、地球を1とする単位で測った値のうち、2組をとってプロットしたものである。横軸Aと縦軸Bの組み合わせとして、正しいものを選べ。

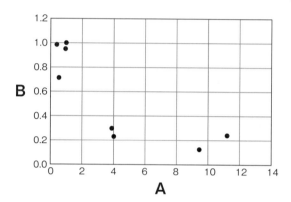

① A：赤道半径　　　B：平均密度
② A：赤道半径　　　B：質量
③ A：質量　　　　　B：平均密度
④ A：軌道長半径　　B：赤道半径

Q7 自転速度よりも早い大気の運動である「スーパーローテーション」が存在することで知られている天体は次のうちのどれか。

① 木星
② 天王星
③ ガニメデ
④ タイタン

Q 8 図は、北極側から見た地球と火星の軌道を示したものである。正しい軌道の図を選べ。

①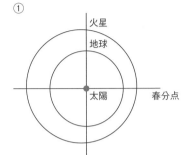

②

③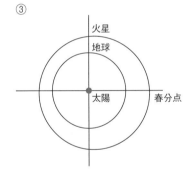

④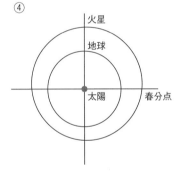

Q 9 太陽面での現象について、誤っているものを選べ。

① 光球領域では、太陽中心からの距離とともに温度が減少する

② 太陽表面に見られる粒状斑は対流の模様であり、暗い領域では周囲と比べて冷たいガスが上昇している

③ ダークフィラメントは、太陽面の手前にあるプロミネンスが暗い紐状に見えたものである

④ 周縁減光は、太陽面中央部に比べて周縁部から出る光の方がより低温の領域から来るために起こる

13

① A：赤道半径　　B：平均密度

まず縦軸は、すべて1以下である。すなわち、地球が一番大きな値をもつ量であることがわかる。これは、問題文中の4つの値のうち、平均密度であることがわかる。すると、横軸の2以下の4つが地球型惑星、2以上の4つの惑星が木星型と天王星型であることがわかる。最大のものは地球の11倍程度であるから、これが木星であることが推察され、横軸は赤道半径であるとわかる。したがって正答は①である。　　第15回正答率64.8%

④ タイタン

金星のスーパーローテーションが最も有名だが、土星の衛星タイタンにもスーパーローテーションがあることが知られている。

①

火星はおよそ2年に1度地球に接近する
が、大接近になるのは8月頃である。図の
右方向が春分点であるから、春分の日に
は、地球は軌道の左端に位置する。地球
は反時計回りに公転しているので、夏至
の日には軌道の真下に位置し、秋分には
右端に来る。8月に大接近となるので、右
下側で地球と火星の軌道が接近する軌道
が正しい軌道であり、①が正答となる。

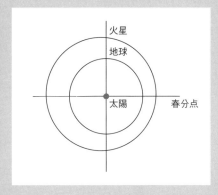

A
9
② **太陽表面に見られる粒状斑は対流の模様であり、暗い領域では周囲
と比べて冷たいガスが上昇している**

粒状斑の暗い領域は周囲と比べて温度が低く冷たいが、冷たいものは重いため下降流領域
になっているので、②が誤りで正答となる。①、③、④は正しい記述である。

（☞参考書2章14節） 　　　　　　　　　　　　　　第10回正答率43.0%

図は太陽表層の温度分布と密度分布を示したものである。図のBの領域を
何と呼ぶか。

① 彩層
② 変位層
③ 遷移層
④ 光球

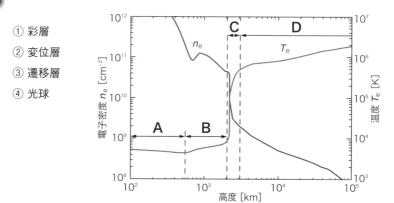

図は、緯度35°の地点で、正午（昼の12時）の太陽の位置の季節変化を
示したものである。正しい図を選べ。

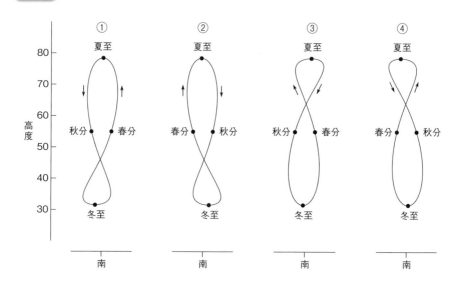

Q 12 黄道から、黄道の北極方向に30°離れた位置にある恒星の年周視差を測定した。恒星の天球上の動きはどれか。地球の軌道は円とし、年周視差の大きさを1としてある。

①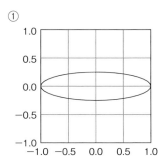

②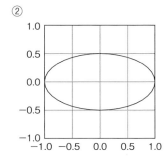

③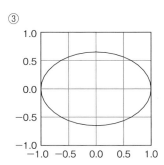

④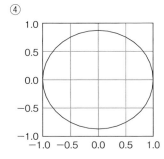

Q 13 ある望遠鏡ではM型主系列星を1 kpcまで検出することができるが、それより遠いと暗くて検出できない。M型主系列星より光度が100万倍明るいM型超巨星を、この望遠鏡で検出できる限界の距離として最も適切なものを選べ。ただし、星間吸収は無視できるものとする。

① 10 kpc

② 100 kpc

③ 1 Mpc

④ 10 Mpc

① 彩層

太陽の見えている本体を光球（図のA）と呼ぶ。光球の外側の上空へ向けて温度が増加する領域が彩層（図のB）である。彩層上層で、コロナ（図のD）へ向けて急激に温度が上昇する領域が遷移層（図のC）である。温度と逆に、電子密度は彩層で急激に減少する。（☞参考書2章14節）

A11 ④

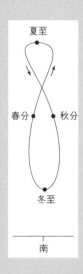

同じ時刻で、1年間を通して太陽の位置を観測すると8の字型になり、これをアナレンマと呼ぶ。北半球で正午におけるアナレンマは、8の字の上側（夏至側）が小さく、下側（冬至側）が大きい形となる。そのため逆になっている①と②は誤りである。このアナレンマは、実際の太陽と、時刻を定義する平均太陽との赤経の差（均時差）によって生じる。「秋の日はつるべ落とし」と言われるように、秋分前後では、日没時刻が日ごとに早くなってくる。これは実際の太陽が、時刻を定義する平均太陽より西側に大きくずれていくためであり、④が正答となる。

第12回正答率18.6%

18

②

恒星の年周視差による天球上の運動は、恒星から
見たときの地球の公転運動と同じになる。黄道面
上の恒星から見ると、地球軌道は直線状になり、
その形は短軸が0の楕円にあたる。また、黄道の北
極にある恒星から見ると地球の軌道は円になり、
長軸と短軸が等しい楕円にあたる。一般に黄道か
ら角度 β 離れた恒星から見ると、地球軌道は、短
軸が長軸の$\sin \beta$倍の楕円になる。ここでは$\beta =$
$30°$であるから、$\sin \beta = \sin 30° = 0.5$ となり、短
軸の長さが0.5の楕円となる。したがって②が正答となる。

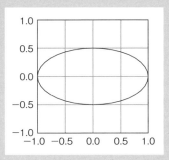

第15回正答率44.0%

A 13 ③ 1 Mpc

明るさは距離の2乗に反比例する。したがって100万倍（＝10^6倍）明るいM型超巨星はM
型主系列星の$\sqrt{10^6} = 10^3$倍遠くまで観測できる。
ゆえに、1 kpc $\times 10^3 = 1000$ kpc＝1 Mpcとなり、③が正答となる。

第15回正答率69.2%

Q 14

天体AとBは0.7°離れている。それぞれが天の川銀河の中心に位置しており、太陽系からの距離を8 kpcとするとき、AとBの実距離を次から選べ。

① 約3光年　　② 約30光年

③ 約300光年　　④ 約3000光年

Q 15

図には3つの恒星レグルス、ベガ、アンタレスのスペクトルが示されている。ア、イ、ウに当てはまる恒星を選べ。なお、縦軸のスケールは恒星ごとに異なっている。

① ア：レグルス
　 イ：ベガ
　 ウ：アンタレス

② ア：ベガ
　 イ：アンタレス
　 ウ：レグルス

③ ア：ベガ
　 イ：レグルス
　 ウ：アンタレス

④ ア：アンタレス
　 イ：ベガ
　 ウ：レグルス

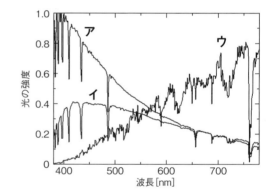

Q 16

画像はさまざまな天体のスペクトルである。一番上のM 42はどんな天体か。

① 輝線星

② 輝線星雲

③ 超新星残骸

④ 活動銀河

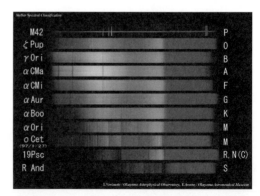

Q 17 恒星のスペクトル型に関する記述で誤っているものを選べ。

① 褐色矮星に拡張されたL、T、Y型がある

② 異常に炭素が多く、青く見えるC型がある

③ 酸化ジルコニウムの吸収帯が見られるS型がある

④ 高温で水素の吸収線がなく、輝線が目立つW型がある

Q 18 次の3つの図（A、B、C）は、3つの散開星団の色-等級図である。この中で年齢の若い順に並べたものとして最も適当なものを選べ。

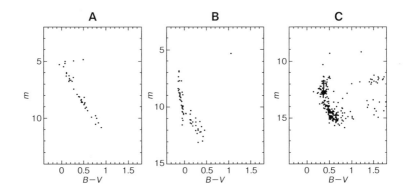

① A－B－C　　② A－C－B

③ B－A－C　　④ B－C－A

Q 19 恒星の質量は太陽の1/10から100倍程度までさまざまである。太陽の10倍の質量をもつ恒星の寿命は、太陽と同じ質量の星に比べると、どのくらいになると考えられるか。

① 1/300倍　　② 1/10倍

③ ほぼ同じ　　④ 10倍

A14 ③ 約300光年

距離がいずれも r である2つの天体が角度 θ [rad] 離れて見えている場合、2天体間の実距離 d は、$d = r\theta$ で表される。したがって、

$$d = r\theta = 0.7[°] \times (\pi[\text{rad}]/180[°]) \times 8000[\text{pc}] \times 3.26[\text{光年/pc}]$$
$$= 318\text{光年} \approx 300\text{光年}。$$

A15 ① ア：レグルス　イ：ベガ　ウ：アンタレス

3つの恒星は温度が高い順番にB7V型のレグルス、A0V型のベガ、M1I型のアンタレスとなる。温度が高いほどスペクトルのピークの位置の波長は短くなり、温度が低いほどピークの位置の波長は長くなる。アのピークは400 nmより短波長側に、イのピークは430 nm付近に、ウのピークは700 nmより長波長域にあるので、アが最も高温で、ウが最も低温の星であることがわかる。したがって、①が正答となる。(☞参考書3章20節)

A16 ② 輝線星雲

一番上のスペクトルは、輝線星雲M 42（オリオン大星雲）のものである。スペクトルは連続成分がなくほぼ輝線成分のみで、通常の星では吸収線になっている部分に輝線があることがわかる。輝線星の場合は、輝線成分以外に、星本体からの連続スペクトル成分がある。

第13回正答率70.1%

A 17 ② 異常に炭素が多く、青く見える C 型がある

スペクトル型でL、T、Y型は褐色矮星に拡張されたもの、S型は酸化チタンの代わりに酸化ジルコニウムと酸化ランタンがあるという点を除いてM型星と同じもの、C型星は炭素星ともよばれ、異常に炭素が豊富でとても深い赤色をしている。W型星はウォルフ・ライエ星ともよばれ、O型星並みに高温であるが、水素などの吸収線は見られず、星を取り囲むガス雲からの強い輝線が見られる。したがって、②の「青く見える」という記述が誤りであるため、②が正答となる。

 A 18 ③ B－A－C

星団の色-等級図で、左上から右下にかけて帯状に並んでいる部分の恒星は主系列星である。質量の大きい（色指数の小さい）星ほど寿命が短いため、主系列星の帯状の並びが、左側から縦方向に折れ曲がっていく。したがってこの折れ曲がりの点（転向点）の色指数が小さいほど若い星団となる。転向点の色指数を見てみると、Aがおよそ0.0、Bがおよそ－0.2、Cがおよそ0.4であるから、若い順に並べるとB、A、Cとなる。したがって③が正答である。

第6回正答率66.0%

A 19 ① 1/300 倍

主系列星では光度Lは質量Mの3.5〜4乗に比例する。主系列星の寿命τは、燃料である水素の量、すなわち質量Mに比例し、燃料の消費率である光度Lに反比例する。星の寿命はほぼ主系列星の寿命とみなしてよいので、

$$\tau \propto M/L \propto M/M^{3.5\sim4} = 1/M^{2.5\sim3}$$

つまり質量の2.5〜3乗に反比例する。太陽の質量の寿命に比べ10倍の質量の星の寿命は

$$1/10^{2.5} \sim 1/10^3 = 1/316 \sim 1/1000$$

程度になる。ゆえに①が正答である。（☞ 参考書3章27節）

Q 20

図はある星団で、さまざまな質量の恒星が同時に誕生してから10億年後の等時曲線である。等時曲線について述べた文として誤っているものを選べ。

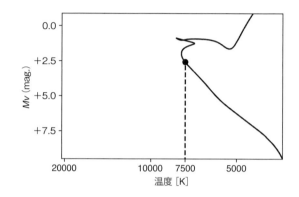

① 等時曲線と星団のHR図を比較することで、星団の年齢が推定できる

② 等時曲線と星団のHR図を比較することで、星団までの距離が推定できる

③ 図の等時曲線は温度7500 Kの恒星がこの後に進化する経路である

④ 図の等時曲線に10太陽質量の恒星は示されていない

Q 21

新星爆発の説明として正しいものを選べ。

① 新たに星が誕生し、突然明るい光源が出現する現象である

② 降着円盤の不安定性によって、突然明るさが増大する現象である

③ 白色矮星表面の水素の核融合による爆発現象である

④ 超新星とは、新星爆発のうち例外的に大規模な爆発現象を指す

<table>
<tr><td>Q 22</td><td>図はセファイド変光星の周期光度関係である。ある銀河に、変光周期8日、見かけの等級21等のセファイドが見つかった。この銀河までの距離はどれくらいか。</td></tr>
</table>

① 1 Mpc
② 3 Mpc
③ 10 Mpc
④ 30 Mpc

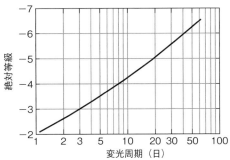

セファイド変光星の周期光度関係

Q 23 脈動変光星に関する説明として誤っているものを選べ。

① エドウィン・パウエル・ハッブルがアンドロメダ銀河（M 31）の距離を決定した際に利用した
② 周期光度関係（変光周期と絶対等級の間の関係）が常に成り立つ
③ 白色矮星が脈動変光星になることがある
④ 北極星（こぐま座 α 星の主星）は脈動変光星である

Q 24 激変星の可視光スペクトルの説明として誤っているものを選べ。

① 輝線が吸収線に変化することがある
② 輝線は常に二重ピークになっている
③ 降着円盤に由来する連続光成分と輝線が卓越する
④ 伴星に由来する吸収線が見えることがある

A 20 ③ 図の等時曲線は温度 7500 K の恒星がこの後に進化する経路である

さまざまな質量の恒星が同時に誕生した状況を考え、ある時間が経過した後のそれぞれの恒星をHR図上に示し、線で繋いだものを等時曲線（アイソクローン）という。

主系列が途切れる部分に着目することで星団の年齢が推定でき、みかけの等級と絶対等級の差から星団までの距離が推定できる。また、10太陽質量の恒星は、誕生から10億年後には既に超新星爆発を起こしているので、図には含まれていない。等時曲線はHR図上の恒星の進化経路に似ているが、進化経路は恒星の質量ごとに異なるので、等時曲線は進化経路そのものではない。したがって③が正答となる。 第13回正答率39.0%

A 21 ③ 白色矮星表面の水素の核融合による爆発現象である

新星とは、元々は夜空に突然明るく出現した星状天体を指していたが、現在の天文学用語としての新星は、激変星系の白色矮星表面における核融合反応による爆発現象を指す。したがって正答は③である。なお、白色矮星の表面で水素の核融合反応が起きるのは、次のような理由からである。連星をなす白色矮星の相手の星が赤色巨星に進化する段階で、水素を主成分とする外層のガスの一部がはぎ取られて白色矮星の表面に降り積もり、それがある程度の量になるとその中の水素が核融合反応を起こすからである。

②は激変星系の矮新星のことである。④の超新星も、初めは元々の意味での新星のうち定性的に明るいグループを指していたが、現在では星全体が四散する爆発現象を指す用語である。 第15回正答率41.8%

① 1 Mpc

変光周期8日のセファイドの絶対等級は$M = -4$等であり、それが見かけの等級$m = 21$等として観測されている。したがって距離指数は$m - M = 21 - (-4) = 25$等となる。距離をr [pc] とすれば、$m - M = 5 \log r - 5$の関係が成り立つので、$\log r = (25 + 5)/5 = 6$ となり、$r = 10^6$ pc $= 1$ Mpcと求まる。したがって①が正答となる。

② 周期光度関係（変光周期と絶対等級の間の関係）が常に成り立つ

周期光度関係が成立するのは、脈動変光星のうちセファイド変光星など一部であるため②が誤った記述となり、②が正答となる。なお、①、③、④は正しい記述である。

② 輝線は常に二重ピークになっている

輝線が二重ピークになるのは、輝線を出す降着円盤の回転に伴うドップラー効果によるものである。したがって、二重ピークは降着円盤の軌道傾斜角が大きい系では顕著になるが、軌道傾斜角が小さい系ではシングルピークになるので②が誤り。
① 矮新星アウトバースト時に吸収線に変化する。
④ 共生星の可視スペクトルには伴星に由来する吸収線が見える。（☞参考書4章33節）

Q25 くじら座のo星（別名ミラ）は、星自身が脈動することで明るさが周期的に変化する天体（脈動変光星）として有名である。次のうちミラの光度曲線として正しいものを選べ。

①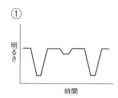

②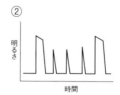

③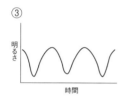

④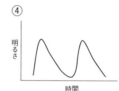

Q26 分光連星の説明として、正しいものを選べ。

① 星の大きさに比べて連星間の距離が十分大きく、それぞれを単独星と考えてよい

② スペクトル線のドップラー偏移の周期性から、連星であることがわかる

③ 望遠鏡でみたときに、主星と伴星が分かれて見える

④ 中性ヘリウムの吸収線が最も強く、水素の吸収線も強い

Q27 天体爆発現象であるキロノバについての記述で誤っているものを選べ。

① 中性子星同士または中性子星とブラックホールの連星の合体に伴う現象である

② 超新星の1000倍程度の明るさに達する爆発現象である

③ 金、プラチナ、ウランなどの元素が合成される

④ 重力波が検出されたことがきっかけで確実視されるようになった

Q 28 恒星1と恒星2で形成される連星系を考える。恒星1の質量関数 $f(M_1)$ を得るために必要な観測として、最も適当なものを選べ。

① 測光観測をして、恒星1による恒星2の食を観測する
② 測光観測をして、恒星2による恒星1の食を観測する
③ 分光観測をして、恒星1の視線速度の変化を観測する
④ 分光観測をして、恒星2の視線速度の変化を観測する

Q 29 図は、ある近接連星のロッシュポテンシャルと星の形状を表したものである。図のタイプの近接連星は何型に分類されるか。

① contact
② tached
③ filled
④ connected

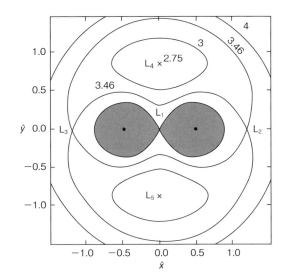

Q 30 自由電子が原子核と電磁気的に相互作用を起こして加速され、電子と原子核からなる双極子モーメントが時間変化して発生する電磁波は何と呼ばれるか。

① サイクロトロン放射　　② シンクロトロン放射
③ 再結合線　　　　　　　④ 熱制動放射

④

①は食変光星（アルゴル型）、②は激変星の一種である矮新
星（おおぐま座SU星型）、③は食変光星（おおぐま座W星
型）、④は脈動変光星ミラの模式的な光度曲線である。食連
星の光度曲線は左右対称となり、矮新星の光度曲線は不規則
となる。これに対して、脈動変光星の光度曲線は、なめらか
で左右非対称となる。ミラは1596年にダーヴィト・ファブリ
ツィウスによって初めて変光していることが発見された。変光範囲は約3等〜9等で約
332日の周期で変光しており、明るいときは肉眼で見ることができる。

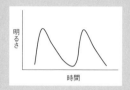

② スペクトル線のドップラー偏移の周期性から、連星であることがわかる

①は遠隔連星の説明、③は実視連星の説明、④はスペクトル型がB型の星の説明である。単
独に見える星でも、星の光を分光してスペクトルを調べたとき、スペクトル線の波長が周期
的に変化している場合がある。その周期変動が連星の公転に伴うドップラー偏移と解釈でき
て連星だと認定されるものが分光連星である。したがって②が正答となる。

（☞参考書4章29節）　　　　　　　　　　　　　　　　　　　　第13回正答率75.3%

② 超新星の1000倍程度の明るさに達する爆発現象である

キロノバは、2017年8月17日の重力波の検出（GW170817）に続く電磁波観測から確実
視されるようになった、新星の1000倍程度の明るさに達する爆発現象である。
GW170817は中性子星連星の合体であったが、キロノバはこのような中性子星と中性子星、
または中性子星とブラックホールの連星の合体に伴う現象であると考えられている。これに
よってr-プロセスと呼ばれる過程により、金、プラチナ、ウランなどの鉄より重い元素が合
成される。　　　　　　　　　　　　　　　　　　　　　　　　第13回正答率33.8%

④ 分光観測をして、恒星2の視線速度の変化を観測する

質量関数は連星の公転周期と視線速度変化の振幅の関数である。ここで、$f(M_1)$ を得るためには、恒星1の重力の影響を受けて公転している恒星2の視線速度変化を観測する必要がある。したがって、正答は④。

なお、$f(M_1)$ は M_1 の下限であり、M_1 を推定するためには連星系の軌道傾斜角が必要になる。例えば、半分離型連星系であれば、ロッシュローブを満たした星から相手の星へガスが流れ、降着円盤ができ、スペクトルに降着円盤由来の輝線が見られるようになる。したがって、降着円盤由来の輝線が観測されれば半分離型と判断できる。また、ロッシュローブを満たすことで恒星が楕円形になるため、連星の公転によって星の見かけの表面積が変わり、それに起因する変光（＝楕円変光）が観測される。楕円変光による光度曲線は軌道傾斜角に依存するので、半分離型連星系であれば、測光観測によって得られる光度曲線を解析することで、軌道傾斜角を推定できる。　　　　　　　　　　　　　第16回正答率50.0%

① contact

連星のうち、2つの星の距離が星の半径のオーダーぐらいに近くて、潮汐力や質量交換などの影響が出ているものを近接連星と呼ぶ。近接連星は両方の星が内部臨界ロッシュローブより少し小さな分離型（detached）、片方の星が内部臨界ロッシュローブを満たしている半分離型（semi-detached）、両方の星が内部臨界ロッシュローブを満たしている接触型（contact）に分類される。（☞参考書4章31節）　　　　第15回正答率38.5%

④ 熱制動放射

①は磁場中で荷電粒子がローレンツ力で円運動する際に放射される離散的な電磁波、②はその円運動の速度が光速に近くなった荷電粒子からの連続的な電磁波、③は電子と原子核が結合される際に放射される離散的な電磁波（これはスペクトル線）。自由電子が原子核の電磁場内で状態変化して放射する連続スペクトルが熱制動放射である。
（☞参考書5章40節）

Q 31

シリウスの固有運動は、赤経方向が −0.55″/年、赤緯方向が −1.21″/年である。シリウスは固有運動によって天球上をどの方向に移動するか。図はシリウスを原点にして描いたもので、N、S、E、Wはそれぞれ、天球上での北、南、東、西の方向を表す。

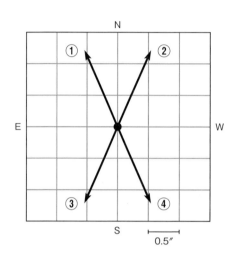

Q 32

星間空間において電波（マイクロ波）で放射されるメーザー現象が検出されていない分子を選べ。

① H_2O 　　② CH_3OH

③ CO_2 　　④ SiO

Q 33

雪線（スノーライン）についての説明のうち、誤っているものを選べ。

① 水が気相で存在する領域と固相で存在する領域との境界をあらわす

② 木星型惑星と天王星型惑星を分ける境界である

③ 原始太陽系円盤における雪線と現在の雪線の位置は異なる

④ 主星が太陽より高温の惑星系の雪線は、太陽系の雪線より遠くに位置する

Q
34

次の4つの画像は、ケンタウルス座Aをさまざまな波長で観測した結果から得られたもので、全てほぼ同じ視野である。全て連続波（光）成分によるものとして、これを波長の長いものから短いものの順に並べたものを選べ。

① B－A－D－C
② C－D－A－B
③ B－D－C－A
④ C－A－B－D

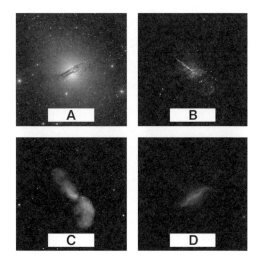

Q
35

1920年代、天の川銀河が差動回転していることをヤン・ヘンドリック・オールトは実証した。そのときに用いた方法を選べ。

① 星間ガスによる恒星の減光の観測
② 電波星のドップラー効果の観測
③ 球状星団の分布の観測
④ 太陽近傍の恒星の運動の観測

A 31　④

恒星は、わずかではあるが、天球上を一定の方向に、一定の速度で移動しており、その1年間の移動量を固有運動という。赤道座標で表す場合は、赤経方向の値と赤緯方向の値で表す。赤経は東（E）方向が、赤緯は北（N）方向が正である。シリウスの場合、赤経方向の固有運動も赤緯方向の固有運動も負の値になっているので、その運動方向は赤経方向は西（W）向き、赤緯方向は南（S）向きとなる。したがって④が正答となる。

第16回正答率28.9%

A 32　③ CO_2

光のレーザー放射と同じ原理に基づいて、電波（マイクロ波）で放射される電磁波をメーザーという。最初のメーザーは1965年に水酸基ラジカル（OH）において発見され、その後1969年に水（H_2O）、1970年にメタノール（CH_3OH）、1974年に一酸化ケイ素（SiO）によるメーザーが発見されている。その後も、その他各種類の分子によるメーザー現象が発見されているが、未だ二酸化炭素（CO_2）によるものはない。したがって③が正答となる。

第13回正答率22.1%

A 33　② 木星型惑星と天王星型惑星を分ける境界である

雪線は、水が気相で存在する領域と固相で存在する領域との境界をあらわす。雪線の内側では岩石や金属が固体惑星（地球型惑星）の材料物質となるのに対し、外側では氷が加わって材料物質量が増大するため、質量の大きな原始惑星の形成が可能となる。巨大な原始惑星は重力によって周囲の原始惑星系円盤ガスを取り込むため、雪線が固体惑星と巨大ガス惑星（木星型惑星）・巨大氷惑星（海王星型惑星）の境界となると考えられている。主星の進化やその温度に伴って雪線の位置は変わり、主星が太陽より高温の惑星系での雪線は、太陽系の雪線より遠くに位置する。（☞参考書5章42節） 第16回正答率78.9%

A 34 ② C－D－A－B

Aはケンタウルス座Aの可視光（©ESO）、Bはチャンドラ衛星によるX線（©NASA）、Cは VLAによる電波（©NRAO/AUI/NSF）、Dはスピッツァー衛星による赤外線（©NASA）の画像である。したがって②が正答となる。 第14回正答率37.6%

A 35 ④ 太陽近傍の恒星の運動の観測

太陽系近傍の恒星の視線速度と固有運動のデータを解析することで、オールトは1927年に天の川銀河が差動回転していることを明らかにした。このときに用いられた定数はオールト定数A、Bと呼ばれ、この定数を用いて太陽の位置での回転速度V_0は$V_0 = R_0(A - B)$、回転速度の微分係数は$(dV/dR)_{R=R_0} = -(A + B)$として表される。なお、$R_0$は太陽から天の川銀河中心までの距離を表す。1989年に打ち上げられたヒッパルコス衛星の観測結果の解析から

　　$A = 14.8 \pm 0.8$ km/s/kpc、$B = -12.4 \pm 0.6$ km/s/kpc

が得られている。オールトは第二次世界大戦後、中性水素が放射する21 cmの電波の観測を推進し、天の川銀河の天文学の発展に大きく寄与した。現在では21 cm電波も差動回転の測定に使われているが、1920年代には電波天文学自体がまだなかった。

Q 36

Tタウリ型星について説明した記述のうち、誤っているものを選べ。

① 星の周囲に塵を含むガス円盤を伴うため、赤外線で明るく輝く

② スペクトルにHα輝線が見られる

③ 星の中心部で起きる水素の核融合反応エネルギーで輝いている

④ 光度は時間が経つにつれ、減少する

Q 37

図は宇宙線のエネルギースペクトルだが、Bの部分を何と呼ぶか。

① ショルダー

② エルボー

③ ニー

④ アンクル

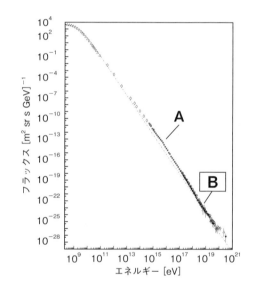

Q 38
遠方から飛来する超高エネルギー宇宙線にはGZKカットオフというものが理論的に予想されているが、その理由は何か。

① 宇宙線が宇宙背景輻射の光子に阻まれて届かなくなるため
② 宇宙線が希薄な銀河間ガスに阻まれて届かなくなるため
③ 宇宙線が天の川銀河の磁場に阻まれて届かなくなるため
④ 宇宙線が途中の銀河の重力レンズ作用で曲げられて届かなくなるため

Q 39
図は、太陽近傍のセファイドの銀経 l を横軸に、セファイドの視線速度 v_r [km/s] を太陽からセファイドまでの距離 r [kpc] で割った v_r/r [km/s/kpc] の値を縦軸にとって、観測値をプロットしたものである。この分布から、オールト定数 A を決定するため、観測データを最もよく表す理論曲線を実線で描いた。実際に観測されたものはどの図と推定されるか。

①
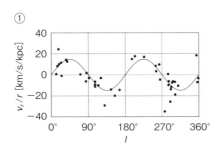

②
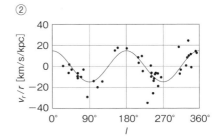

③
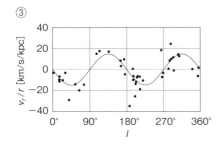

④
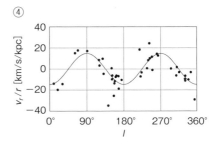

A 36 ③ 星の中心部で起きる水素の核融合反応エネルギーで輝いている

Tタウリ型星は、分子雲から誕生して主系列星に至る段階の前主系列星であり、水素の核融合反応は起きていない。周囲にガスと塵からなる円盤等の星周構造を伴い、赤外でより明るく輝く。Tタウリ型星には降着現象に伴うと考えられるHα輝線が見られる。HR図上では主に林トラックを下に向かって移動している段階と考えられている。

（☞参考書5章42節）

A 37 ④ アンクル

宇宙線のエネルギーフラックスはエネルギーが大きいほど減少するが、対数グラフでの傾きは一定ではなく、何カ所かで少し傾きが変わる。傾きの折れ曲がりの位置を人間の足にたとえて、Aの位置をニー（ひざ）、Bの位置をアンクル（かかと）と呼ぶ。傾きの値や、折れ曲がる原因などについては、よくわかっていないことも多い。（☞参考書5章44節）

① 宇宙線が宇宙背景輻射の光子に阻まれて届かなくなるため

10^{20} eV 以上の超高エネルギー宇宙線は、3 K宇宙背景輻射の光子と衝突し、パイ中間子を生成してエネルギーを失っていくため、50 Mpcより長い距離を伝播することができないと推定される。その結果、10^{20} eV以上の超高エネルギー宇宙線は存在しないという予想をGZKカットオフと呼ぶ。一方、実際の観測では超高エネルギー宇宙線も存在するので、それらの超高エネルギー宇宙線は50 Mpcより近い宇宙で生成されたと考えられている。

第16回正答率22.7%

 ①

太陽近傍の恒星がすべて天の川銀河の中心のまわりを円運動している場合、視線速度v_rは、太陽から恒星までの距離をr、恒星の銀経をl、オールト定数をA, Bとすると、$v_r = Ar \sin 2l$と表される。したがって$v_r/r = A \sin 2l$となり、この分布を示すのは①だけである。したがって①が正答となる。他は①の図を横方向にずらしたものである。(☞参考書5章45節)

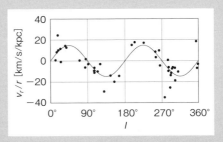

第12回正答率34.3%

楕円銀河についての記述のうち、誤っているものを選べ。

Q 40

① 楕円銀河は、楕円の長軸と短軸の比によって、円形のE0から細長い楕円のE7まで8段階に分類される

② 楕円銀河を構成する星は、年老いたものが多い

③ 楕円銀河から渦巻銀河へと進化するので、楕円銀河を早期型銀河と呼ぶ

④ ブラックホール・シャドウが観測されたM87は、楕円銀河である

Q 41

次のうち、E4の楕円銀河の形状を選べ。

①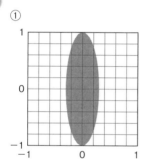

②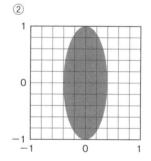

③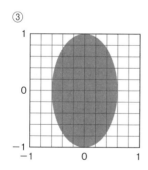

④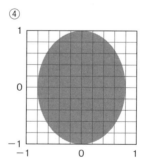

Q 42

図は、渦巻銀河 M 81 の画像である。M 81 の円盤部の長軸と短軸の比はおよそ2：1である。M 81 の傾き角と、銀河円盤の傾き方の組み合わせで正しいものを選べ。

©NASA, ESA and the Hubble Heritage Team〔STScI/AURA〕

① 傾き角は30°で、Aの方が地球に近い
② 傾き角は30°で、Bの方が地球に近い
③ 傾き角は60°で、Aの方が地球に近い
④ 傾き角は60°で、Bの方が地球に近い

Q 43

活動銀河の一般的な特徴の説明として、誤っているものを選べ。

① 活動銀河の中心核は、通常銀河の中心核に比べて、100倍から1万倍も明るい
② 中心核からのジェットが認められるなど、特異な形状をしていることがある
③ 数十日から数百日のタイムスケールで変光する
④ 電波やX線で、若い大質量星を起源とする放射を強く出している

③ 楕円銀河から渦巻銀河へと進化するので、楕円銀河を早期型銀河と呼ぶ

かつて楕円銀河が渦巻銀河へ変化すると思われていた時期があり、楕円銀河（とレンズ状銀河）を早期型銀河と呼んでいた。しかしその後、銀河の形態は進化とは関係がないことがわかってきた。そのため③が誤りで正答となる。他はすべて正しい記述である。

（☞参考書6章49節）

第16回正答率63.3%

③

楕円銀河は、その見かけの形状に応じて、記号Eの後に整数 n（$n=0〜7$）を付けて表す。整数値nの値は、楕円の長半径をa、短半径をbとするとき、$n=10×(a-b)/a$ によって与えられる。E4の楕円銀河の場合、図の長半径はすべて$a=1$となっているので、$4=10×(1-b)/1=10-10b$となり、$b=(10-4)/10=0.6$ となる。したがって、短半径が0.6の③が正答となる。なお、①はE7、②はE6、④はE2の楕円銀河の形状である。

（☞参考書6章49節）

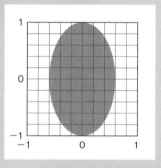

第14回正答率29.8%

③ 傾き角は 60°で、A の方が地球に近い

銀河の傾き角は、銀河の回転軸と視線方向とのなす角で定義される。ここで傾き角をi、銀河円盤の長半径をa、短半径をbとすると、$\cos i = b/a$ の関係がなりたつ。したがって、円盤部が円に見えるとき（$a=b$のとき）が0°、円盤部を真横から見るときが90°になる。M 81 は $\cos i = b/a = 1/2$ であるから、$i = 60°$となる。また、中心のバルジの部分に着目すると、A側に腕に沿った黒い吸収帯が見られるのに対し、B側には見られない。吸収帯は、バルジの部分の光が腕によって吸収されることで生じるので、A側では腕がバルジの手前（地球側）にあることを意味する。これに対して、B側では腕がバルジより遠い側にあることになる。したがって③が正答となる。（☞参考書6章50節）

第14回正答率17.0%

④ 電波やX線で、若い大質量星を起源とする放射を強く出している

活動銀河の中心核は、通常銀河に比べて100倍から1万倍も明るい。活発な星形成が銀河の中心で生じている場合もあるが、巨大ブラックホールを起源とする放射が強く、その放射はX線や電波で観測される。（☞参考書6章51節）

第15回正答率42.9%

Q44 銀河の赤方偏移サーベイによって作成された銀河の分布図には、地球からの視線方向に沿って引き伸ばされた形状の銀河団が多く見られる傾向がある。この効果を何と呼ぶか。

① カイザー効果
② 神の指効果
③ 強い重力レンズ効果
④ 弱い重力レンズ効果

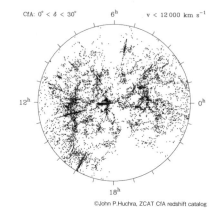

CfA: 0° < δ < 30°　　6ʰ　　v < 12 000 km s⁻¹

12ʰ　　　　　　0ʰ

18ʰ

©John P.Huchra, ZCAT CfA redshift catalog

Q45 高速電波バーストについての記述のうち、誤っているものはどれか。

① 発見されてからすでに10年以上たつが、未だ正体は不明である
② 発生源の距離から、多くは銀河系外と推定されている
③ 波長によって電波の到着時刻がずれることが観測されている
④ バーストの継続時間はわずか数秒に過ぎない

Q46 スニヤエフ=ゼルドビッチ効果とはどういうものか。

① 宇宙線が銀河団中のガスと衝突して減衰すること
② 宇宙線が宇宙背景輻射と衝突して減衰すること
③ 宇宙背景輻射が銀河団中のガスに吸収されること
④ 宇宙背景輻射が銀河団中のガスに散乱されること

Q 47 重力レンズ現象を利用した観測の利点として、誤っているものを選べ。

① 暗すぎたり小さすぎたりして観測が困難である天体に関する情報を得られる

② ある恒星系に属しない、孤立した惑星（浮遊惑星）を発見できる

③ マイクロレンズ現象を複数の波長で観測し、その増光の度合いの違いから、レンズ天体の性質がわかる

④ レンズ天体の重力場が分かれば、レンズ天体と遠方の天体の両方の距離が分かり、ハッブル定数を測定することができる

Q 48 系外惑星の探査方法の1つであるドップラー法によって得られる情報として、正しいものを選べ。

① 系外惑星質量と直径

② 軌道長半径と軌道傾斜角

③ 主星の減光率と減光継続時間

④ 公転周期と視線速度振幅

Q 49 天体からの赤外線を観測する望遠鏡・衛星の略称ではないものを選べ。

① IRAS

② ISO

③ IRTF

④ IRAM

A 44　② 神の指効果

銀河までの距離を測定するために赤方偏移を用いると、個々の銀河のランダムな運動のため、宇宙膨張の赤方偏移とは分離できない視線速度成分が生じる。そのため、赤方偏移空間での銀河団内の銀河の分布は、実際の距離から前後方向へ引き伸ばされ、まるで一斉に地球を指差しているように見えることから、神の指効果と呼ばれる。

第9回正答率17.4%

A 45　④ バーストの継続時間はわずか数秒に過ぎない

高速電波バースト（FRB）は継続時間がわずかに数ミリ秒（1ミリ秒＝1/1000秒）という電波で観測される現象であり、④が誤りのため、正答となる。この現象は2007年に発見された。その距離は波長による電波パルスの到着時刻のズレから推定されており、多くは系外銀河からのものと考えられている。一部反復性を示すFRBも発見されているが、その正体は未だ不明である。

第14回正答率32.6%

A 46　④ 宇宙背景輻射が銀河団中のガスに散乱されること

銀河団中には高温で希薄なガスが満ちている。宇宙背景輻射が銀河団を通過すると、その高温ガスに逆コンプトン散乱されて、約2.7 Kの黒体輻射スペクトルが少し高エネルギー側に変形する。この現象をスニヤエフ＝ゼルドビッチ効果（SZ効果）と呼んでいる。宇宙背景輻射のSZ効果を観測することで、銀河団中の高温ガスの温度や量を見積もることができる。

第16回正答率28.1%

③ マイクロレンズ現象を複数の波長で観測し、その増光の度合いの違いから、レンズ天体の性質がわかる

重力レンズの屈折角は光の波長に依存しないため、増光の度合いも波長には依存しない。そのため複数の波長で観測し、増光の度合いが波長によらないことを確認することで、天体の変光がマイクロレンズ現象によるものだと確認できる。①、②、④は正しい記述である。 第15回正答率26.4%

 ④ 公転周期と視線速度振幅

ドップラー法（視線速度法）とは、主星のふらつき運動に伴うドップラー効果によって、主星の分光観測で得られる吸収線が周期的に赤方・青方偏移する様子を調べることで、惑星を間接的に検出する方法である。したがって、視線方向の周期的な速度変化が観測でき、公転周期と視線速度振幅が得られる。（☞参考書6章62節）

 ④ IRAM

IRAS（Infrared Astronomical Satellite）は1983年に打ち上げられたアメリカ・オランダ・イギリスが計画した赤外線天文衛星、ISO（Infrared Space Observatory）は1995年に打ち上げられた欧州宇宙機関の赤外線宇宙天文台、IRTF（NASA Infrared Telescope Facility）はハワイ・マウナケア山頂にある3.0 mの赤外線望遠鏡である。
IRAM（Institut de Radioastronomie Millimetrique）はフランスに本部のある電波天文学研究所で、ミリ波の電波望遠鏡と電波干渉計を運営している。

Q50

宇宙背景輻射の約2.7 Kの一様成分（上図）から、約1/1000 Kのずれ（中図）と、約10万分の1 K程度のずれ（下図）を表した図で、中図の双極的なパターンは何を表しているか。

① 観測装置の器械誤差に伴う双極成分
② 天の川銀河の運動に伴う双極成分
③ おとめ座銀河団の非球対称分布に伴う
　双極成分
④ 宇宙全体の回転を表す双極成分

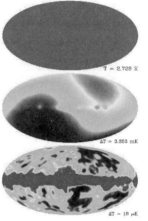

©NASA

Q51

天体の位置を表す赤道座標の原点（赤経0h、赤緯0°）はどこか。

① 春分点
② 秋分点
③ 天の北極
④ 天の南極

Q52

ある夜、深夜午前0時にシリウスが南中した。その1週間後にシリウスが南中するのは何時何分か。

① 午後11時32分
② 午後11時56分
③ 午前0時4分
④ 午前0時28分

Q 53　エドワード・エマーソン・バーナードは彗星など数多くの天体を発見したが、彼が発見した天体と直接関係がないものを選べ。

① 大きな固有運動を示すへびつかい座の星
② オリオン座にある広がった星雲
③ 暗黒星雲
④ 冥王星の衛星

Q 54　銀経210°、銀緯80°の位置に、前日まではなかった恒星状の天体が17.0等級で現れた。この天体はその翌日も16.8等級で観測された。この位置には既存の天体カタログに該当する恒星は存在せず、最も近い天体は約3秒角離れた赤外線源だった。この天体の正体として最も確率が高いものを選べ。

① 超新星
② 古典新星
③ ブラックホールX線新星
④ ガンマ線バースト

Q 55　CCDが他の可視光検出器と比較して優れている特性について述べた文のうち、誤っているものを選べ。

① 読み出し速度がほぼ無視できる
② データとして画像が得られる
③ 量子効率が高い
④ 入力に対する出力の線形性が高い

② 天の川銀河の運動に伴う双極成分

宇宙背景輻射に対して、天の川銀河は約400 km/sの速度で運動しており、その運動に伴うドップラー効果によって、宇宙背景輻射の観測される温度が双極的にシフトしたもの。すなわち、天の川銀河の進行方向は約1/1000 Kほど温度が高くなり、後方は低くなって、温度分布が前後対称的に少しだけ偏差する。太陽運動に伴う双極シフトもあるが、もっと小さい。（☞参考書6章60節）　　　　　　　　　　第8回正答率57.1％

① 春分点

春分点が赤経0h、赤緯0°と定義されている。

① 午後11時32分

地球は1年＝365.2422日で太陽の周りを1周する。1周を赤経24時で表すと、1日では24/365.2422＝0.066時角＝3.9分角～約4分角だけ公転によって動くことになる。したがって、1週間＝7日間では約28分角ずれることになり、南中時刻はそれだけ早まるので、午前0時から28分早い①が正答となる。

④ 冥王星の衛星

19世紀生まれのアメリカの天文学者、エドワード・エマーソン・バーナードが亡くなったのは1923年で、冥王星が発見されたのはその7年後の1930年であるから、④が正答となる。①はバーナード星、②はバーナードループ、③暗黒星雲のリストはバーナードカタログとして知られている。

また、バーナードは木星の衛星アマルテアを発見しているほか、月と火星のクレーターに彼の名が付けられている。

第16回正答率62.5%

 ① 超新星

古典新星とブラックホールX線新星は銀河円盤に集中しており、高銀緯の天体が発見される確率は低い。ガンマ線バーストの残光は減光速度が大きく、発見日の翌日に同様の光度かむしろ増光した状態で観測される確率は低い。出現位置と等級の時間変化は超新星と考えて不自然ではなく、近くにある赤外線源は母銀河の可能性もある。したがって選択肢の中では超新星である確率が最も高いが、実際はスペクトルを撮るなどの追跡観測を行う必要がある。

 ① 読み出し速度がほぼ無視できる

CCDは、良好な線形性、高い量子効率、大きなフォーマットの2次元検出器の製作が容易、という特性によって、90年代以降、写真乾板や光電子増倍管にとって代わり、現在、可視光天体観測で主流の検出器として用いられている。一方、大フォーマットのCCDではデータの読み出しに数十秒以上の時間がかかる。最近は、読み出し時間が短く、低ノイズ化と線形性の改良に成功したCMOSイメージセンサも天体観測に用いられつつある。

第14回正答率45.4%

2章

EXERCISE BOOK FOR ASTRONOMY-SPACE TEST

理論

Q1 水素原子（陽子＋電子）の質量を m_H とする。水素の質量密度 ρ と個数密度 n の間にはどのような関係があるか。

① $n = \rho$

② $n = \rho / m_H$

③ $n = m_H / \rho$

④ $n = 1 / \rho$

Q2 加速膨張する宇宙の未来は、おおむね、図のCのように永遠に膨張が続くと予想されているが、何と呼ばれるか。

① ビッグクランチ

② ビッグコールド

③ ビッグチル

④ ビッグリップ

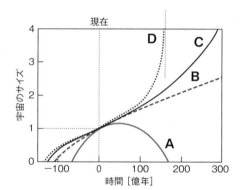

Q3 陽子は3つのクォークからなっていると考えられている。陽子をつくっているクォークを選べ。

① トップクォーク

② アップクォーク

③ カップクォーク

④ ヒップクォーク

Q 4　量子力学が直接には関係しない構造をもつ天体を選べ。

① 地球

② 太陽

③ 白色矮星

④ ブラックホール

Q 5　面密度が一定、全質量が M、半径が R の薄い球殻がある。球殻内部で、球殻の中心から距離 r だけ離れたところに質量 m の物体を置いた。この物体に働く重力 F と位置エネルギー Φ の組み合わせとして、正しいものを選べ。なお G は重力定数を表す。

① $F = 0$　　　　　　$\Phi = -GmM/r$

② $F = 0$　　　　　　$\Phi = -GmM/R$

③ $F = -GmM/r^2$　　$\Phi = -GmM/r$

④ $F = -GmM/r^2$　　$\Phi = -GmM/R$

Q 6　実験室では波長 λ_0 のスペクトル線が波長 λ となって観測された。このときの赤方偏移 z と波長との関係を正しく表しているものを選べ。

① $z - 1 = \dfrac{\lambda_0}{\lambda}$

② $z - 1 = \dfrac{\lambda}{\lambda_0}$

③ $z + 1 = \dfrac{\lambda_0}{\lambda}$

④ $z + 1 = \dfrac{\lambda}{\lambda_0}$

② $n = \rho / m_\mathrm{H}$

個数密度nは単位体積当たりの粒子の数である。したがって個数密度nの水素原子の単位体積当たりの全質量は$n m_\mathrm{H}$となる。質量密度ρは、単位体積あたりの質量であるから、$\rho = n m_\mathrm{H}$の関係が成り立ち、②が正答となる。また、次元解析からも、②以外は誤りであることがわかる。

③ ビッグチル

宇宙の物質が優勢で宇宙が閉じていれば、宇宙はビッグバンではじまり、図のAのように有限の時間でビッグクランチ（大崩壊）で終わる。現在は加速膨張が発見され、宇宙は平坦で永遠に膨張すると想像されている。宇宙は膨張するにつれ、希薄になって、新しい星々も生まれなくなり、はるかな未来にはビッグチル（大凍結）にいたるだろうと予想されている。ただし、加速膨張を引き起こすダークエネルギーの性質によっては、図のDのように有限の時間で時空が引き裂かれるビッグリップが起こる可能性もある。

第10回正答率75.0%

② アップクォーク

クォークは6種類あって、アップ、ダウン、ストレンジ、チャーム、ボトム、トップという名前が付いている。温度の高かった宇宙の初期にはすべてのクォークがあったが、温度が下がった現在の宇宙にはほぼアップクォークとダウンクォークしか残っていない。陽子は2つのアップクォークと1つのダウンクォークからできている。なお、クォークが6種類しかないことを示したのが、ノーベル物理学賞につながった小林・益川理論である。

第12回正答率58.6%

④ ブラックホール

ブラックホールの構造は一般相対論だけで表せるので、直接には量子力学は使わない（量子力学と絡めたブラックホールの蒸発と呼ばれる現象はあるが）。

白色矮星の構造は電子の縮退で決まる。

太陽の中心部の核融合反応も量子力学が必要になる。

地球を構成している固体物質の物性も量子力学が必要になる。そもそも固体物質は縮退した状態にある。

第16回正答率37.5%

② $F = 0$ $\Phi = -GmM/R$

面密度が一定の球殻内部（$r < R$）の重力は0となる。したがって重力エネルギーは一定となる。これらを満たす関係式は②となり、②が正答となる。

なお、球殻外部（$r > R$）の重力は $F = -GmM/r^2$、位置エネルギーは $\Phi = -GmM/r$ となる。位置エネルギーは連続になるため、球殻内部の位置エネルギーは球殻の表面の位置エネルギーと等しくなる。また、球殻外部の位置エネルギーで $r = R$ とおけば、球殻の表面の位置エネルギーは $\Phi = -GmM/R$ となり、球殻内部の位置エネルギーも $\Phi = -GmM/R$ となる。

第14回正答率44.0%

④ $z + 1 = \dfrac{\lambda}{\lambda_0}$

赤方偏移 z は、観測される波長 λ と実験室で測定された波長 λ_0 の比から1を引いたもの、すなわち

$$z = \frac{\lambda}{\lambda_0} - 1 = \frac{\lambda - \lambda_0}{\lambda_0}$$

で定義される。したがって、$z + 1 = \dfrac{\lambda}{\lambda_0}$ と表され、④が正答となる。

第14回正答率53.9%

Q7　理想気体の状態方程式を表す式を選べ。ただし、P は圧力、R_g は1モルあたりの気体定数、ρ は密度、μ は平均分子量、T は温度である。

① $P = \dfrac{\mu}{R_g} \rho T$

② $P = \dfrac{R_g}{\mu} \rho T$

③ $P = \dfrac{\mu}{R_g} \dfrac{T}{\rho}$

④ $P = \dfrac{R_g}{\mu} \dfrac{T}{\rho}$

Q8　音波が伝わる気体と音速との関係の説明として誤っているものを選べ。

① 気体の圧力が高いほど、音速は大きくなる

② 気体の温度が高いほど、音速は大きくなる

③ 気体の密度が大きいほど、音速は小さくなる

④ 気体の体積が大きいほど、音速は小さくなる

Q9　$\gamma = \dfrac{5}{3}$ のとき、強い衝撃波でのガスの圧縮率はいくらになるか。

① 2倍

② 4倍

③ 8倍

④ 16倍

Q 10
図は、磁場中に働く磁気圧の圧力勾配による力と、磁気張力の力の方向を示したものである。正しい組み合わせを選べ。なお、グレーで示した太い矢印は力を、細い矢印は磁力線を表す。

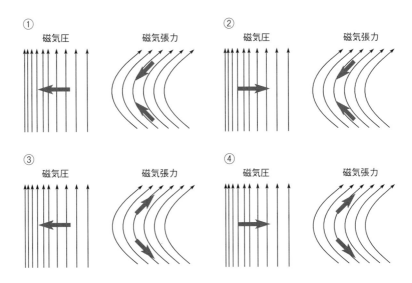

Q 11
図は、横軸に振動数 ν の対数を、縦軸に電磁波の強度 F_ν の対数をとって表した電磁波スペクトルである。スペクトル指数が 1.5 のべき乗型スペクトルを選べ。

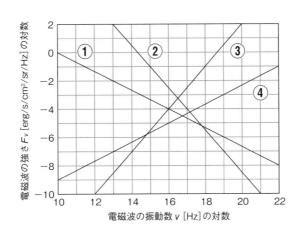

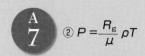

気体の圧力とは、単位面積に垂直に作用する気体の力であるが、ミクロの視点から見ると、熱運動している粒子の衝突によって、単位時間、単位面積当たりに与える運動量である。したがって、粒子密度が多いほど、温度が高いほど衝突速度と衝突回数が大きくなる。そのため、理想気体の圧力 P は、粒子数密度 n と温度 T に比例し、$P = nkT$ で与えられる。ここで比例係数 k はボルツマン定数である。アボガドロ数を N_A とすると、1 mol あたりの気体定数 R_g は $R_g = kN_A$ で定義される。これを用いて k を消去すると、$P = n\left(\dfrac{R_g}{N_A}\right)T$ となる。ここで粒子の平均分子量を μ、密度を ρ とすれば、$\rho = n\left(\dfrac{\mu}{N_A}\right)$ と表される。これらから n を消去すれば、$P = \left(\dfrac{R_g}{\mu}\right)\rho T$ となり、②が正答となる。(☞参考書1章3節)

第14回正答率66.0%

④ 気体の体積が大きいほど、音速は小さくなる

音速は、音波が伝わる気体の圧力や温度の1/2乗に比例する。また音速は、気体の密度の1/2乗に反比例する。一方、音速は、気体の体積には依存しない。気体の体積が大きくても小さくても、その圧力や温度、密度などが同じであれば、音速は等しくなる。(☞参考書1章4節)

② 4倍

強い衝撃波でのガスの圧縮率は、密度の比で、$\dfrac{\gamma+1}{\gamma-1}$ なので、$\gamma = \dfrac{5}{3}$ のときに4となる。したがって、通常の断熱衝撃波での圧縮率はあまり大きくない。
しかし、式をみるとわかるように $\gamma = 1$(等温)に近づくと、圧縮率は急激に大きくなる。断熱圧縮では衝撃波による加熱で圧縮しにくいが、熱が周囲に逃げて等温に近づくと、圧縮しやすくなるわけだ。(☞参考書1章4節)

第14回正答率34.8%

磁気圧は、磁力線が密集しているほど強くなるので、磁気圧の圧力勾配による力は、磁力線が密になっている方から疎になっている方向（図では左から右で、②と④）に働く。また、磁気張力は、曲がった磁力線を真っすぐに戻すように働くため、曲がっている部分から離れる方向（図の③と④）に働く。したがって正答は④となる。（☞参考書1章5節）

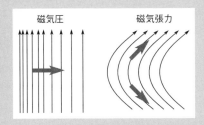

第15回正答率38.5%

対数スケールで表したスペクトル図上でほぼ直線的になるスペクトルをべき乗型スペクトルという。この分布を直線で近似したときの傾きを$-\alpha$とすると、電磁波の強度F_νは$\nu^{-\alpha}$に比例する。このときのαをスペクトル指数と呼ぶ。スペクトル指数が1.5であるから、直線の傾きは-1.5となり、②の直線が正答となる。（☞参考書1章6節）

第15回正答率14.3%

Q12 磁場について述べた文のうち、誤っているものを選べ。

① 磁力線は、磁場の方向を結んだ線のことである

② 磁力線同士が途中で交わることはない

③ 磁束とは、磁束の強さの1単位を1本の磁力線に対応させたものである

④ 磁束密度 B の単位は、SI単位ではガウスである

Q13 次の文の【 ア 】、【 イ 】に当てはまる数値の組み合わせとして正しいものを選べ。

「星の光度は、星の半径の【 ア 】乗と星の表面温度の【 イ 】乗に比例する。」

① ア：2　　イ：2

② ア：2　　イ：4

③ ア：4　　イ：2

④ ア：4　　イ：4

Q14 太陽の表面温度はおよそ6000 Kで、そのスペクトル分布は波長がおよそ480 nmのところにピークをもつ。では、表面温度が2万4000 Kの恒星のスペクトル分布のピークの波長はどれくらいか。

① 240 nm

② 160 nm

③ 120 nm

④ 80 nm

Q 15 白色矮星などで縮退状態にある電子の統計分布を何というか。

① プランク分布

② ボース＝アインシュタイン分布

③ フェルミ＝ディラック分布

④ マクスウェル＝ボルツマン分布

Q 16 速度vで運動している物体の時間の伸びは、どの式で表されるか。ただし、cは真空中の光速度とする。

① $\dfrac{1}{1 - \dfrac{v}{c}}$　　② $\dfrac{1}{\sqrt{1 - \dfrac{v}{c}}}$

③ $\dfrac{1}{1 - \dfrac{v^2}{c^2}}$　　④ $\dfrac{1}{\sqrt{1 - \dfrac{v^2}{c^2}}}$

Q 17 図は、水素原子の模式図で、基底状態から順に、5番目までの電子の軌道を描いたものである。電子が図のように遷移したとき、どのようなスペクトル線が現れるか。

① Hγ線の輝線

② Hγ線の吸収線

③ Hδ線の輝線

④ Hδ線の吸収線

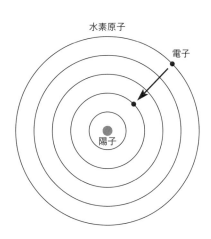

④ 磁束密度 B の単位は、SI 単位ではガウスである

SI単位系では、磁束の単位はWb（ウェーバ）、磁束密度の単位はT（テスラ）またはWb/m²である。ガウスは、cgs gauss系での磁束密度（磁場強度）の単位である。したがって④が正答となる。他は正しい記述である。（☞参考書1章5節）

 ② ア：2　イ：4

星の光度Lは、星の半径をR、星の表面温度をTとすると、$L = 4\pi\sigma R^2 T^4$ で与えられ、②が正答となる。なお、σはステファン・ボルツマン定数である。（☞参考書1章8節）

 ③ 120 nm

単位波長当たりの黒体輻射スペクトルのピークの波長 λ_{max} は、黒体温度 T に反比例する。これをウィーンの変位則という。したがって比例定数を C とすれば、$\lambda_{max} = C/T$ と表すことができる。$T = 6000$ K で $\lambda_{max} = 480$ nm となるので、$480 = C/6000$ となり、$C = 480 \times 6000$ であることがわかる。したがって、$T = 24000$ K では、$\lambda_{max} = C/T = 480 \times 6000/24000 = 480/4 = 120$ となり、③が正答となる。

別解：表面温度は太陽の4倍である。ピークの波長は表面温度に反比例するので、480 nm/4 ＝ 120 nm が得られる。　第14回正答率66.7%

③ フェルミ＝ディラック分布

電子や陽子のような物質粒子は、1つの状態に2つ以上の粒子が存在できないパウリの排他律に従い（フェルミ粒子とかフェルミオンと呼ばれる）、フェルミ＝ディラック分布と呼ばれる統計分布をもつ。

一方、光子は1つの状態にいくつでも存在することができて（ボース粒子とかボソンと呼ばれる）、ボース＝アインシュタイン分布となる。熱平衡にある光子のプランク分布もボース＝アインシュタイン分布の一種である。

フェルミ＝ディラック分布もボース＝アインシュタイン分布も、量子効果が働かない極限では、古典的なマクスウェル＝ボルツマン分布となる。 第15回正答率52.7%

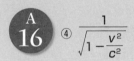

静止している観測者の時間をt、運動している天体の時間をτとすると、tとτの間には、

$$t = \gamma \tau, \quad \gamma = \frac{1}{\sqrt{1 - \dfrac{v^2}{c^2}}}$$

という関係が成り立つ。ここで時間の遅れの割合γをローレンツ因子と呼ぶ。

① Hγ線の輝線

2番目の軌道とn（$n > 2$）番目の軌道間の電子の遷移で生じるスペクトル線は、バルマー系列と呼ばれ、2番目と3番目の間の遷移からはHα線が、2番目と4番目の遷移からはHβ線が、2番目と5番目の遷移からはHγ線が、2番目と6番目の遷移からはHδ線が生じる。なお、内側から外側へ遷移するときは吸収線に、外側から内側に遷移するときは輝線になる。図は5番目の軌道から2番目の軌道に遷移しているので、Hγ線の輝線となり、①が正答となる。 第14回正答率35.5%

Q18 速度 v で遠ざかる天体の赤方偏移を z 、光速度を c とし、$\beta = \dfrac{v}{c}$ と表したとき、成り立つ関係式を選べ。

① $z - 1 = \sqrt{\dfrac{1 + \beta}{1 - \beta}}$　　② $z - 1 = \sqrt{\dfrac{1 - \beta}{1 + \beta}}$

③ $z + 1 = \sqrt{\dfrac{1 + \beta}{1 - \beta}}$　　④ $z + 1 = \sqrt{\dfrac{1 - \beta}{1 + \beta}}$

Q19 太陽系内の惑星を公転する衛星に関する記述で正しいものを選べ。

① 公転運動は必ずしもケプラーの法則に従わない
② 国際天文学連合によって惑星の定義とともに衛星の定義も定められている
③ 最大の衛星は（地球の）月である
④ 惑星である水星よりも大きい衛星が存在する

Q20 軌道長半径が a 、離心率が e の惑星の軌道を極座標 (r, θ) で表すことを考える。近日点が $\theta = 0$ となる座標系では、この軌道はどのように表されるか。

① $r = \dfrac{a(1 - e)}{1 + e \cos \theta}$

② $r = \dfrac{a(1 + e)}{1 + e \cos \theta}$

③ $r = \dfrac{a(1 - e^2)}{1 + e \cos \theta}$

④ $r = \dfrac{a(1 + e^2)}{1 + e \cos \theta}$

Q 21

次の文の【 ア 】、【 イ 】に当てはまる語句の組み合わせとして正しいもの
を選べ。

「皆既日食中に肉眼で見えるコロナは、太陽コロナ中の自由電子によって太
陽光が散乱されたものである。この散乱は【 ア 】散乱または電子散乱と呼
ばれ、【 イ 】。」

① ア：コンプトン　　イ：短波長の光ほどよく散乱する
② ア：コンプトン　　イ：波長に依存せず光を平等に散乱する
③ ア：トムソン　　　イ：短波長の光ほどよく散乱する
④ ア：トムソン　　　イ：波長に依存せず光を平等に散乱する

Q 22

図は太陽風のパーカー解を表したものだが、矢印で示す中央の点を何と呼
ぶか。

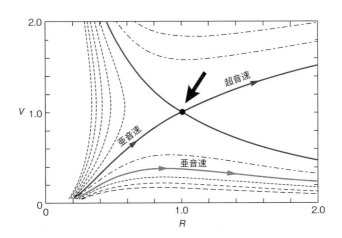

① 亜音速点
② 超音速点
③ 遷移点
④ 遷音速点

③ $z+1=\sqrt{\dfrac{1+\beta}{1-\beta}}$

速度 v の天体が、視線方向に対して角度 θ で遠ざかるときの赤方偏移を z とすると、

$$1+z=\frac{1+\beta\cos\theta}{\sqrt{1+\beta^2}}$$

と表される。問題文では $\theta=0$ であるから、

$$1+z=\frac{1+\beta}{\sqrt{1-\beta^2}}=\frac{1+\beta}{\sqrt{(1+\beta)(1-\beta)}}=\frac{\sqrt{1+\beta}}{\sqrt{1-\beta}}=\sqrt{\frac{1+\beta}{1-\beta}}$$

となり、③が正答となる。（☞参考書1章10節）   第15回正答率45.1%

④ 惑星である水星よりも大きい衛星が存在する

衛星の公転もケプラーの法則に従っているので①は間違い。また、衛星の定義はまだ存在しないので②も間違い。
太陽系内で最も大きい衛星は、木星の衛星ガニメデ（半径2632 km）であり③も間違い。次いで大きいのは土星の衛星タイタン（半径2575 km）であり、水星（半径2440 km）よりも大きいため、④が正答となる。   第13回正答率68.8%

③ $r=\dfrac{a(1-e^2)}{1+e\cos\theta}$

惑星の近日点距離は $a(1-e)$、遠日点距離は $a(1+e)$ となる。③の式では、$\theta=0$（近日点）で $\cos\theta=1$ となるから、

$$r=\frac{a(1-e^2)}{1+e\cos\theta}=\frac{a(1-e)(1+e)}{1+e}=a(1-e)$$

$\theta=180°$ では $\cos\theta=-1$ となるから、

$$r=\frac{a(1-e^2)}{1+e\cos\theta}=\frac{a(1-e)(1+e)}{1-e}=a(1+e)$$

となることがわかるが、他の式ではこの関係は満たされない。なお、③の式は、焦点を原点とする楕円を極座標で表示したものである。他はダミーの式である。（☞参考書2章11節）

第14回正答率54.6%

④ ア：トムソン　　イ：波長に依存せず光を平等に散乱する

コンプトン散乱は、高エネルギーの光子（光）が電子に衝突して電子にエネルギーを与えることで光子の波長が長くなる（振動数が低くなる）現象で、量子論的効果による散乱である。トムソン散乱は、エネルギーの低い光子（光）が自由電子によって散乱される現象で、光子のエネルギーは変化しない。コロナで起きる太陽光の自由電子による散乱はトムソン散乱である。この散乱は光の波長に依存せず平等に散乱するため、皆既日食中に肉眼で見えるコロナは乳白色に輝く。

④ 遷音速点

太陽風のような高温コロナからの定常風は、亜音速状態からコロナのガス圧で加速されて、超音速状態へ乗り移る解で表される。亜音速解と超音速解の境界（図の矢印の点）を遷音速点（transonic point）と呼ぶ。（☞参考書2章16節）　　第16回正答率38.3%

Q 23 太陽をさまざまな距離から見たときの、距離と見かけの等級との関係を表すものを選べ。太陽の絶対等級を5等級とする。

①

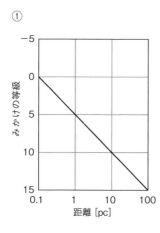

②

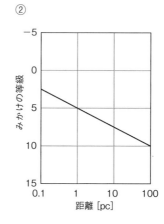

③

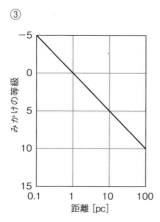

④

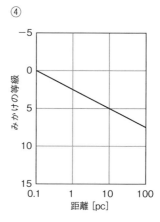

m_1等級の星の明るさをI_1、m_2等級の星の明るさをI_2とするとき、明るさと等級の関係を正しく表す式はどれか。

① $\dfrac{I_1}{I_2} = 10^{2(m_1 - m_2)/5}$

② $\dfrac{I_1}{I_2} = 10^{2(m_2 - m_1)/5}$

③ $\dfrac{I_1}{I_2} = 10^{5(m_1 - m_2)/2}$

④ $\dfrac{I_1}{I_2} = 10^{5(m_2 - m_1)/2}$

図は恒星のスペクトル中の中性水素（HⅠ）、中性ヘリウム（HeⅠ）、1階電離カルシウム（CaⅡ）の吸収線の消長を表している。吸収線a、b、cの元素の正しい組み合わせを選べ。

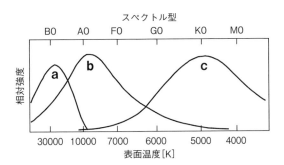

① a：HⅠ　　b：HeⅠ　　c：CaⅡ

② a：HeⅠ　　b：HⅠ　　c：CaⅡ

③ a：CaⅡ　　b：HⅠ　　c：HeⅠ

④ a：HeⅠ　　b：CaⅡ　　c：HⅠ

絶対等級は、10 pcの距離から見たときの等級で定
義される。距離が10 pcのとき5等級となっている
のは、③と④だけであり、正答はこのどちらかにな
る。明るさは距離の2乗に反比例するので、距離が
10倍大きくなると、明るさは100分の1になり、
等級は5等級暗くなる。したがって100 pcの等級
が10等級になっている③が正答となる。

第15回正答率46.2%

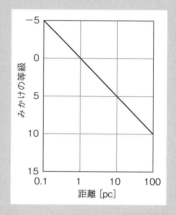

A 24 ② $\dfrac{l_1}{l_2} = 10^{2(m_2 - m_1)/5}$

等級差が等しいとき明るさの比は等しい。また、等級の数値の小さい方が明るさは明るく、5等級の差は明るさで$100 = 10^2$倍ちがう。このことから1等級の差は明るさの比で$10^{2/5}$倍違うことになる、したがって明るさの比が$\dfrac{l_1}{l_2}$の場合、等級差は$m_2 - m_1$となり、明るさの比は

$$\dfrac{l_1}{l_2} = (10^{2/5})^{(m_2 - m_1)} = 10^{2(m_2 - m_1)/5}$$

となるので、②が正答となる。

別解：l_1がl_2より100倍明るいとき、等級差は5等級になるので、$m_2 - m_1 = 5$となる。$m_2 - m_1 = 5$を選択肢の各式に代入して、その値が$10^2 = 100$となるのは②だけである。したがって②が正答となる。（☞参考書3章18節）

A 25 ② a：HeⅠ　b：HⅠ　c：CaⅡ

水素（HⅠ）の吸収線はスペクトル型A0で最も強くなり図のbになる。1階電離のカルシウム（CaⅡ）は表面温度の低いG〜M型で強くなる。一方、ヘリウム（HeⅠ）は高温のB型星で見られる。したがって、②が正答となる。（☞参考書3章21節）

第7回正答率37.7%

Q 26 図は、太陽と同じ質量の星の進化経路をHR図上に描いたものである。Aの恒星がBまで進化したとき、半径はおよそ何倍になるか。なお、グレーの太い実線は主系列星の位置を表す。

① 30倍
② 70倍
③ 100倍
④ 150倍

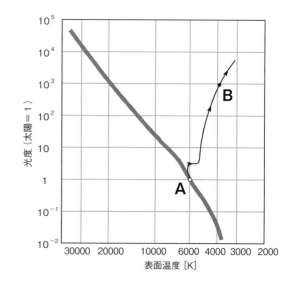

Q 27 圧力 P と密度 ρ の間にポリトロピック関係式を用いて、星の内部構造を調べる方法がある。ポリトロピック指数を N 、$\gamma = 1 + 1/N$ とおくとき、ポリトロピック関係を表す式はどれか。ただし K は定数である。

① $P = K\rho^{-\gamma}$
② $P = K\rho^{\gamma}$
③ $\rho = KP^{-\gamma}$
④ $\rho = KP^{\gamma}$

Q 28　中性子星が重力崩壊せずに構造を保っている理由として最も適切なものを選べ。

① 内部で生まれるガンマ線の圧力が構造を支えている

② 中性子の熱運動が構造を支えている

③ 一部の中性子が高い運動量をもち、それによる量子力学的な圧力が構造を支えている

④ 電気的な反発力が構造を支えている

Q 29　主系列星の質量光度関係を表す図を選べ。なお、横軸は太陽の質量を1としたときの恒星の質量を、縦軸は太陽の光度を1としたときの恒星の光度を、いずれも対数スケールで示してある。

①
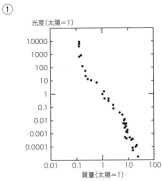

②
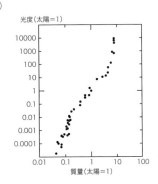

③
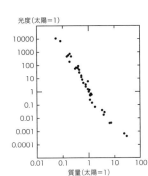

④
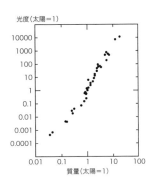

 ② 70倍

Aの位置での光度をL_A、半径をR_A、表面温度をT_A、Bの位置での光度をL_B、半径をR_B、表面温度をT_Bとする。ステファン・ボルツマン定数をσとおけば、

$$L_A = 4\pi\sigma R_A^2 T_A^4$$
$$L_B = 4\pi\sigma R_B^2 T_B^4$$

と表せる。したがって、

$$\frac{L_B}{L_A} = \left(\frac{R_B}{R_A}\right)^2 \left(\frac{T_B}{T_A}\right)^4$$

となる。ここで、図より、Aの位置の光度は1、表面温度は6000 K、Bの位置での光度はおよそ1000、表面温度は4000 Kであるから、

$$\frac{1000}{1} = \left(\frac{R_B}{R_A}\right)^2 \times \left(\frac{4000}{6000}\right)^4$$

となる。これより、

$$\frac{R_B}{R_A} = \sqrt{1000} \times \left(\frac{6000}{4000}\right)^2 \sim 32 \times \frac{9}{4} = 72$$

となり、半径はおよそ70倍となる。したがって②が正答となる。(☞参考書3章22節)

 ② $P = K\rho^\gamma$

星の内部の核融合反応の詳細がわかっていなかった時代には、圧力Pと密度ρの間にポリトロピック関係式を用いて、星の内部構造を理論的に調べる方法が用いられていた。ポリトロピック指数をN、$\gamma = 1 + 1/N$とおくとき、圧力Pが密度ρのγ乗に比例する、すなわち$P = K\rho^\gamma$と表せる式をポリトロピック関係式という。この関係を用いると、星の内部の釣り合いを表す式はエムデン方程式となる。(☞参考書2章24節)

③ 一部の中性子が高い運動量をもち、それによる量子力学的な圧力が
構造を支えている

中性子星の内部ではガンマ線（光子）の圧力は無視できる。中性子星は密度が高いため、
②のような通常のガスの圧力は効かず、代わりに「縮退圧」と呼ばれる量子力学的な圧力
が働く。中性子は「フェルミ粒子」と呼ばれる粒子に分類され、2つのフェルミ粒子が同
じ位置、運動量（とスピン）をもつことはできない。したがって、高密度で自由に動けな
い環境でも必ず高い運動量をもつ粒子が存在し、それが圧力として働く。中性子星は中性
子の縮退圧で構造が支えられている。

④

主系列星の質量光度関係は、光度が質量の3.5〜4
乗に比例するという関係である。したがって、図で
は右上がりのほぼ直線的な分布図となり、①と③は
誤りであることがわかる。②と④はかなり傾向が似
ているが、②は質量が10近辺でほぼ垂直に、質量が
0.1近辺でも傾きが大きくなっており、曲線的に変
化している。これに対して、④は質量が1より大き
いときと小さいときで傾きは少し異なるが、ほぼ直
線的に分布しており、この④が実際のデータから作
成した質量光度関係である。

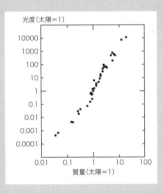

なお、①は、横軸に色指数を、縦軸に光度をとって
プロットした主系列星の分布（色-等級図での主系列星の分布）の色指数の部分を、ダミ
ーの質量の目盛りに置き換えたものである。主系列星の色指数も質量と密接な関係がある
ため、よく似た分布を示すが、その分布の形状は少し異なる。②は、①の左右を入れ替え
たもの、③は④の左右を入れ替えたものである。　第4回正答率59.0%

Q 30

太陽質量の恒星が主系列星から巨星へ進化する過程についての記述のうち、正しいものを選べ。

① 表面温度は下がり、恒星内部の核融合によるエネルギー生成率は変わらない

② 表面温度は下がり、恒星内部の核融合によるエネルギー生成率は上がる

③ 表面温度は変わらず、恒星内部の核融合によるエネルギー生成率も変わらない

④ 表面温度は変わらず、恒星内部の核融合によるエネルギー生成率は上がる

Q 31

主系列星の光度 L 、表面温度 T 、質量 M の間には、HR図からだいたい $L \propto T^8$ の関係がみられ、質量光度関係からはだいたい $L \propto M^4$ の関係がみられる。主系列星で質量が4倍になると表面温度はどれくらいになるか。

① ほとんど同じ

② 約2倍

③ 約4倍

④ 約16倍

Q 32

質量 M の天体Aと、質量 m 、半径 d の天体Bを考える。このとき、天体Bが天体Aに、$R = 2d\,(M/m)^{1/3}$ のところまで近づくと、天体Bは天体Aによって潮汐破壊されてしまう。では、月はどのくらい地球に接近すると潮汐破壊されてしまうか。

① 地球半径の約2.4倍

② 地球半径の約4.2倍

③ 地球半径の約8.4倍

④ 地球半径の約10.2倍

Q 33 天体に働く潮汐加速度の分布を選べ。なお、潮汐力を与える天体は図の*x*軸上の右側に位置しており、矢印の方向と大きさが朝夕加速度の方向と大きさを表す。

①
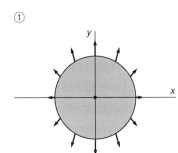

②
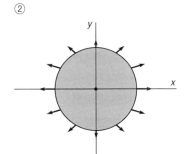

③
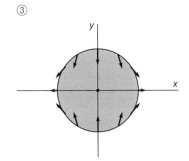

④
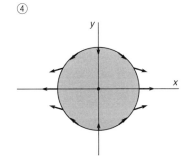

Q 34 太陽も太陽系の共通重心を中心に公転している。太陽の中心から太陽系の共通重心までの平均距離に最も近い値を選べ。なお、$R_\odot$は太陽の半径を表す。

① 0.1 $R_\odot$

② 1 $R_\odot$

③ 0.1 au

④ 1 au

A 30 ② 表面温度は下がり、恒星内部の核融合によるエネルギー生成率は上がる

巨星では、核融合していないヘリウムの中心核が収縮し、その周りで水素が核融合している。収縮する中心核は温度が上昇し、それによって水素の核融合の反応率が上昇し、主系列星よりも多くのエネルギーを生成する。また、中心核の圧力勾配が上がり、外層は膨張する。膨張後の新しい半径と増加したエネルギー生成率のバランスで表面温度は下がる。

第16回正答率61.7%

A 31 ② 約2倍

$L \propto T^8$ の関係と $L \propto M^4$ の関係から $T^8 \propto M^4$ となるので、だいたい $T \propto M^{1/2}$ になる。したがって、質量が4倍になると、表面温度はそのルート、すなわち2倍ぐらいになることがわかる。（☞参考書3章27節）

第14回正答率46.8%

A 32 ① 地球半径の約2.4倍

質量 m、半径 d の天体Bが質量 M の天体Aに接近し、天体Aから天体Bに働く潮汐力が天体Bの自己重力よりも大きくなると、天体Bは破壊されてしまう。このときの天体Aと天体Bの距離を、天体Aの潮汐半径 R_t といい、

$$R_t = 2d(M/m)^{1/3}$$

で与えられる。天体Aを地球、天体Bを月とし、地球の半径を R_E、質量を M_E、月の半径を R_m、質量を m_m とする。地球の月に対する潮汐半径は、地球の半径を単位とすると、

$$R_t/R_E = 2(R_m/R_E)(M_E/m_m)^{1/3}$$

となる。ここで、地球と月の平均密度はそれほど違わないので、同じであるとすると、質量の比は体積の比となり、半径の3乗の比、すなわち $M_E/m_m \sim (R_E/R_m)^3$ となる。これらを潮汐半径の式に代入すれば、

$$R_t/R_E \sim 2(R_m/R_E)(R_E/R_m) = 2$$

となり、最も近い①が正答だとわかる。

なお、地球と月の半径と質量を用いて計算すると $R_t/R_E = 2.4$ が求まる。

④

潮汐力を及ぼす天体の質量をM、その天体まで
の距離をR、重力定数をGとする。潮汐力を受
ける天体の中心を原点とし、図のように直交座
標(x, y)を考えると、点(x, y)での潮汐加速
度(g_x, g_y)は$g_x = 2GMx/R^3$、$g_y = -GMy/R^3$
で与えられる。つまり、x軸上では中心から外
向きに、y軸上では中心方向に向き、中心から
の距離が同じであれば、大きさはx軸上のほう
がy軸上より2倍大きい。これらを満たすのは
④である。

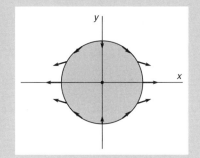

第16回正答率72.7%

 ② 1 $R_{\odot}$

太陽と木星が太陽系の共通重心をほぼ決めている。太陽質量を$M_{\odot}$、木星質量をM_j、太陽
と木星から共通重心までの平均距離をそれぞれ$a_{\odot}$ [au]とa_j [au]とすると、$M_{\odot} : M_j = a_j :$
$a_{\odot}$が成り立つ。

$a_{\odot} + a_j = 5$ au なので、$M_{\odot} : M_j = 5 - a_{\odot} : a_{\odot}$

これから、$a_{\odot} = 5 M_j/(M_{\odot} + M_j)$

ここで木星の質量は太陽のおよそ1/1000、1 au ≃ 200 $R_{\odot}$なので、

 $a_{\odot} \cong 5 M_j/M_{\odot}$ [au]

  $\cong 5 \times 200 R_{\odot} \times (M_{\odot}/1000)/M_{\odot} \cong R_{\odot}$

となり、②が正答となる。

Q 35

質量がm_1とm_2（$m_1 > m_2$）の2つの恒星が共通重心の周りを円運動している連星系において、連星の軌道面内に、連星とともに回転する回転座標系を考える。連星の共通重心Oを原点、質量がm_1の恒星からm_2の恒星に向かう方向をx軸とするとき、x軸に沿った連星系のロッシュポテンシャル$\phi(x)$を表すグラフはどれか。

①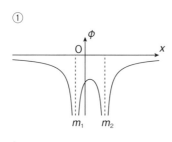

②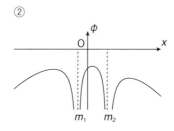

③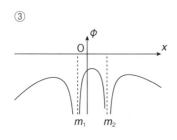

④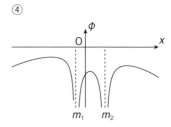

Q 36

次の文の【ア】、【イ】に当てはまる語句の組み合わせとして正しいものを選べ。

「天の川銀河が誕生したときに生まれた第一世代の星を【ア】という。この種類の星は主に天の川銀河の【イ】に分布する。」

① ア：種族I　　イ：銀河円盤部
② ア：種族I　　イ：ハロー領域
③ ア：種族II　　イ：銀河円盤部
④ ア：種族II　　イ：ハロー領域

Q 37

太陽からの距離が10 kpc、見かけの等級が5等級の球状星団の恒星数はどれくらいか。球状星団は絶対等級が0等級の水平分枝付近の恒星だけで構成されており、恒星の重なりはなく、星間吸収もないとする。

① 1万個
② 3万個
③ 10万個
④ 30万個

Q 38

光学的厚みが1の媒質を通過すると光線の強さはどうなるか。

① 1/2ぐらいに減る
② 1/3ぐらいに減る
③ 1/10ぐらいに減る
④ 媒質の種類によって1/2から1/10ぐらいに減る

Q 39

宇宙の構造形成の多くは、流体力学的な不安定性と関係が深い。星形成の際のガスの重力収縮の引き金となる不安定の名称は何か。

① ジーンズ不安定
② レイリー不安定
③ パーカー不安定
④ ワイベル不安定

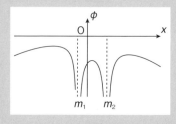

$m_1 > m_2$の連星系におけるロッシュポテンシャル ϕ の値は、x の値が $-\infty$、m_1 の位置、m_2 の位置、∞ のとき $-\infty$ の値になり、これらの間で3つのピークをもつ曲線となる。これらの3つのピークの位置は、左から順に、L_3、L_1、L_2 点と呼ばれるが、そこでのロッシュポテンシャル値は、m_1 と m_2 の間の L_1 の位置で最も小さく、次に小さいのが m_2 の右側の L_2 の位置、最も高いのが m_1 の左側の L_3 の位置となる。したがって④が正答となる。

第10回正答率36.0%

④ ア：種族Ⅱ　　イ：ハロー領域

天の川銀河が誕生したときに生まれた第一世代の星は種族Ⅱと呼ばれ、主にハロー領域に分布する。球状星団を構成する星は種族Ⅱの星である。種族Ⅱの星は重元素量が太陽に比べ1/10程度と非常に少ない。これに対し、種族Ⅰの星は主に銀河円盤中に分布し、重元素量は太陽と同程度である。種族Ⅰの星は、超新星爆発などで重元素が増えた後に生まれた、第二世代の星である。（☞参考書5章38節）

① 1万個

球状星団の絶対等級をM、見かけの等級をm、距離をr [pc] とする。このとき

$$M = m + 5 - 5 \log r = 5 + 5 - 5 \log 10^4 = 10 - 5 \times 4 = -10$$

となり、球状星団の絶対等級は−10等級となる。したがって、球状星団全体は、絶対等級が0等級の星より10等級明るくなる。ゆえに球状星団全体の光度は、絶対等級が0等級の恒星の光度の100×100＝1万倍明るい。球状星団は絶対等級が0等級の恒星と同じ明るさの星で構成されているという前提であるから、球状星団の星の数は1万個となり、①が正答となる。

② 1/3 ぐらいに減る

入射光線の強さをI、媒質の光学的厚みをτとすると、媒質を通過した後の光線の強さは、媒質の種類によらずに、

$$I \times e^{-\tau}$$

で減光していく。したがって、光学的厚みが$\tau = 1$の場合は、

$$e^{-1} = 1/e = 1/2.72 = 0.368$$

で、1/3 ぐらいになる。

① ジーンズ不安定

自己重力による重力不安定は、発見者の名前をとってジーンズ不安定とも呼ばれる。②は回転流体の不安定性（密度逆転層に伴うレイリー・テイラー不安定とは別物）。③は磁束管の磁気浮力に起因した不安定性（太陽の黒点形成などで重要）。④は衝撃波面で生じるプラズマ不安定性。(☞参考書5章41節)

Q 40

図は太陽系形成の概念図だが、図中のAとBは何を表すか。

① Aが微惑星でBが準惑星
② Aが準惑星でBが微惑星
③ Aが岩石微惑星でBが氷微惑星
④ Aが岩石準惑星でBが氷準惑星

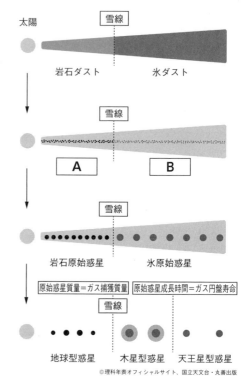

©理科年表オフィシャルサイト、国立天文台・丸善出版

Q 41

ある超新星爆発のエネルギーがE [J] であったとする。これに伴う超新星残骸について、爆発からt [s] 後の高圧領域の半径がR [m] であり、内部の密度（一定とする）がρ [kg m^{-3}] であるとすると、これらの間には、近似的に$t = E^{-1/2}\, \rho^{1/2}\, R^{5/2}$ の関係が成り立つ（セドフ解の近似解）。$E = 10^{44}$ J、$R = 10$ pc、$\rho = 10^{-21}$ kg m^{-3} の超新星残骸の年代は、およそどの程度か。

① 5000万年　　② 50万年
③ 5000年　　　④ 50年

Q 42 次の文章の【 ア 】、【 イ 】、【 ウ 】に当てはまる語句の組み合わせとして正しいものを選べ。

「パルサーは、ミリ秒から数秒の間隔で正確に電波を発している天体である。はじめに発見した【 ア 】は、宇宙の知的生命体から発信されていると考え、「緑の小人」と命名したほどである。このような電波放射のメカニズムは、【 イ 】が原因と考えられている。高速に動いていることから、パルサーは小さくて質量の大きな天体のはずで、多くは【 ウ 】であると考えられている。

① ア：ベルとヒューイッシュ　　イ：パルサーの自転
　 ウ：中性子星

② ア：ハルスとテイラー　　　　イ：パルサーに落下する粒子の制動放射
　 ウ：ブラックホール

③ ア：ペンジアスとウィルソン　イ：パルサーの運動によるドップラー効果
　 ウ：クォーク星

④ ア：ルメートルとハッブル　　イ：パルサーの伴星からの重力波放出
　 ウ：白色矮星

Q 43 多くの渦巻銀河の回転曲線はフラットローテーションとなっており、大量のダークマターが、銀河を取り囲むようにほぼ球状に分布していると考えられている。このダークマターの密度分布 $\rho(r)$ を表すものを選べ。ただし、r は銀河中心からの距離を、ρ_0 は $r=1$ における密度を表す。

① $\rho(r) = \rho_0$ （一定）

② $\rho(r) = \dfrac{\rho_0}{r}$

③ $\rho(r) = \dfrac{\rho_0}{r^2}$

④ $\rho(r) = \dfrac{\rho_0}{r^3}$

③ A が岩石微惑星で B が氷微惑星

現在の太陽系形成論では、原始太陽系星雲に含まれていた微小な塵が集まって微惑星を形成し、微惑星が合体して原始惑星となり、さらに惑星へと合体成長していく。その際、原始太陽からの熱放射によって、水が液体となるか氷になるかの境目を雪線として、雪線より内側では岩石成分が主たる岩石微惑星ができ、雪線より外側では氷を主成分とする氷微惑星が多くできたと考えられている。（☞参考書5章42節）　第13回正答率83.1%

③ 5000 年

$1\,pc \sim 3 \times 10^{16}\,m$、$1$ 年 $\sim 3 \times 10^{7}\,s$ として数値を代入すると、

$$t \sim (10^{44})^{-1/2} \times (10^{-21})^{1/2} \times (10 \times 3 \times 10^{16})^{5/2}$$
$$\sim 10^{-22} \times (\sqrt{10} \times 10^{-11}) \times (30 \times 30 \times \sqrt{30} \times 10^{40})$$
$$\sim 1.6 \times 10^{11}\,s \sim 1.6 \times 10^{11}/(3 \times 10^{7})\text{年} \sim 5 \times 10^{3}\text{年。（☞参考書5章43節）}$$

① ア：ベルとヒューイッシュ　イ：パルサーの自転　ウ：中性子星

パルサーは、正確な間隔で電波を放出する。この原因は、星の自転によるもの、と考えるのが最も自然だ。しかもミリ秒程度で高速回転するならば遠心力によって星が破壊されないように、相当小さくて（半径10 km程度で）原子核密度程度の重力が強い天体であることが結論される。当時すでに、中性子星のモデルは提唱されていたが、パルサーの発見で、はじめて中性子星の存在が確認された。パルサーの発見は、1967年である。第一発見者はアントニー・ヒューイッシュ教授の学生だったジョスリン・ベルだが、ノーベル賞（1974年）が授賞されたのは、ヒューイッシュと、電波天文学の開拓者であるマーティン・ライルで、ベルは受賞しなかった。正答以外の選択肢にあるラッセル・ハルスとジョゼフ・テイラーは1974年に連星パルサーを発見した二人で、連星パルサーの発見は重力波放射の間接的な証拠となった（二人は1993年にノーベル物理学賞を受賞した）。アーノ・ペンジアスとロバート・ウッドロウ・ウィルソンは1965年に宇宙背景輻射を発見し、1978年にノーベル物理学賞を受賞した。ジョルジュ・ルメートルとエドウィン・パウエル・ハッブルは独立に膨張宇宙の発見に貢献した。1920年代の終わりである。

第5回正答率93.7%

③ $\rho(r)=\dfrac{\rho_0}{r^2}$

銀河回転が$V(r)=V_0$のフラットローテーションの場合、半径rの球内の銀河の全質量を$M(r)$とおく。銀河中心から距離rの位置にある質量mの恒星に働く重力と遠心力は釣り合うので、

$$\frac{GmM(r)}{r^2}=\frac{mV_0^2}{r}$$

が成り立つ。これから、$M(r)=\dfrac{V_0^2 r}{G}$となり、半径r内に含まれる全質量は、半径rに比例する。他方、$M(r)$は、

$$M(r)=\int_0^r 4\pi\xi^2\rho(\xi)d\xi$$

で表される。この値がrに比例するためには、被積分関数$4\pi\xi^2\rho(\xi)$が一定（定数）でなければならない。その値をCとすると、$4\pi r^2\rho(r)=C$と表せる。$\rho(1)=\rho_0$であるから、$4\pi\rho_0=C$となり、$\rho(r)=\dfrac{\rho_0}{r^2}$を得る。したがって③が正答となる。

Sgr A＊（いて座Aスター）を観測したとき、直径の見込み角はどれほどか。ただし、Sgr A＊は400万太陽質量のブラックホール、観測者からの距離は2万6000光年、太陽質量のブラックホールの半径は3kmとする。なお、1光年＝9.5×10^{12} km 、1マイクロ秒角＝4.85×10^{-12} rad である。

① 0.2マイクロ秒角
② 2マイクロ秒角
③ 20マイクロ秒角
④ 200マイクロ秒角

輝く重力天体のエディントン光度はどのような考え方で決められているか。

① 粒子が受ける、天体からの重力と天体放射からの単位時間当たりの運動量の釣り合い
② 粒子が受ける、天体からの重力エネルギーと天体放射からの放射エネルギーの釣り合い
③ 粒子が受ける、天体からの重力と天体から吹き出すガスによるガス圧の釣り合い
④ 粒子が受ける、天体からの重力と天体放射による放射抵抗の釣り合い

宇宙膨張による赤方偏移の値が0.1の銀河の後退速度として正しいものを選べ。

① 300 km/s
② 3000 km/s
③ 30000 km/s
④ 300000 km/s

図は宇宙ジェットの見かけ上の超光速運動を説明する模式図である。次の式の右辺第2項で表される $\dfrac{d-r\ \cos\theta}{c}$ は何を意味するか。なおジェットの速度は v で光速は c とする。

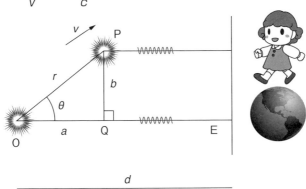

$$t = \frac{r}{v} + \frac{d - r\ \cos\theta}{c}$$

① 中心核Oから放射された電磁波が地球に届くまでの時間

② 図の位置にある輝点Pから放射された電磁波が地球に届くまでの時間

③ 中心核Oから輝点Pが飛び出て図の位置に達するまでの時間

④ 地球から観測して図のQからPまで輝点Pが移動する時間

重力場は時空を歪めて、その時空を通過する光線の進路を曲げてしまう。この現象を「重力レンズ」という。次のうち、正しい説明を選べ。

① 重力レンズによる光線の曲がり方は、凸レンズと同様である

② 惑星質量程度の小天体でも重力レンズ効果が観測されている

③ 遠方天体（銀河）、ブラックホール、観測者（地球）が一直線に並んだ場合にのみ「ブラックホール・シャドウ」が観測できる

④ 重力レンズ効果による遠方天体の像は大きく拡大されるが、像の明るさの総和は暗くなる

③ 20 マイクロ秒角

Sgr A*の直径をd、距離をr、見込み角をa [rad] とすると、$ra = d$ の関係が成り立つ。
したがって、

$$a \sim \frac{d}{r} = \frac{2 \times 3 \times 4 \times 10^6 \text{ km}}{26000 \times 9.5 \times 10^{12} \text{ km}} = 9.72 \times 10^{-11} \text{ rad}$$

$$= 9.72 \times 10^{-11} \times \frac{360}{2\pi} \times 3600 \times 10^6 \text{ マイクロ秒角}$$

$$= 20 \text{ マイクロ秒角}$$

実際にはブラックホールの半径の3倍の距離までは重力が大きくて光の周回軌道が存在しない。そのため、ブラックホールはより大きな像として観測されることになる。

第15回正答率31.9%

① 粒子が受ける、天体からの重力と天体放射からの単位時間当たりの運動量の釣り合い

エディントン光度は粒子にかかる重力と放射圧（輻射圧）の釣り合いで決まる量で、運動量の変化を表す運動方程式における力のバランスから決められる。すなわち、中心から距離 r のところで単位時間単位面積当たりに流れる輻射エネルギー、すなわち輻射流束 f は、$f = L/(4\pi r^2)$ である。光子のエネルギー E と運動量 p の間には、光速度を c とすると、$E = pc$ の関係があるので、上記の輻射流束が運ぶ運動量は f/c になる。光子との衝突断面積が σ の粒子が受ける運動量は $\sigma f/c$ となる。天体の質量を M とし、粒子の質量を m とすると、粒子にかかる天体の重力は、重力定数を G とすると GMm/r^2 である。粒子が受ける光子の運動量と天体の重力を等しいと置くと、そのときの光度は、$L = 4\pi cGMm/\sigma$ となる。この光度がエディントン光度である。

第13回正答率23.4%

③ 30000 km/s

後退速度を v 、光速度を c 、赤方偏移を z とすると、

$$v = c \times z = 3.0 \times 10^5 \text{ km/s} \times 0.1 = 3.0 \times 10^4 \text{ km/s}$$

となる。

第15回正答率51.6%

A 47 ② 図の位置にある輝点 P から放射された電磁波が地球に届くまでの時間

中心核Oから放射された電磁波が地球に届く時間は、図からd/c となる。輝点Pの位置では、距離は d ではなく$d-r\cos\theta$ なので、輝点Pから放射された電磁波が地球に届くまでの時間は $(d-r\cos\theta)/c$ となる。また輝点Pが飛び出て図の位置まで来るのに要する時間は r/v である。したがって、上の式は全体として、中心核から輝点Pが飛び出して輝点Pの位置まで到達し、さらにそこから放射された電磁波が地球に届くまでの時間となる。（☞参考書6章54節）　第13回正答率62.3%

A 48 ② 惑星質量程度の小天体でも重力レンズ効果が観測されている

重力レンズは、レンズの光軸に近い光線ほど屈折角が大きくなる（光軸から離れるほど、すなわち重力源から離れるほど光線の屈折角は小さくなり、あたかもワイングラス底部のような形状のレンズのように振る舞う）。この重力レンズの効果を利用して、恒星周りを周回する惑星系の探査も可能である。恒星による重力レンズ効果と惑星による重力レンズ効果を分離することで、惑星系の存在を知ることができる。遠方天体（銀河）、ブラックホール、観測者（地球）が一直線に並んだ場合、ブラックホールを取り囲むようなリング形状の像が観測される（「アインシュタイン・リング」という）。しかしながら、これは「ブラックホール・シャドウ」とは別物である。

ブラックホールに降着するプラズマが放出する光線は、ブラックホール半径のちょっと外側に位置する光の円軌道（光子球）を周回するが、そこから漏れてくる光線が「ブラックホール・シャドウ」として観測されることになる。重力レンズによる像は、動径方向に縮み、円周方向に引き伸ばされる。天体像の見かけの明るさの総和は、重力レンズがなかった場合の単体の像の明るさと比べて常に明るくなる。　第15回正答率26.4%

Q 49
平坦な宇宙でのビッグバン減速膨張解ではスケールファクター $a(t)$ は時間 t の関数としてどのように変化するか。

① $a(t) \propto t^{1/3}$
② $a(t) \propto t^{1/2}$
③ $a(t) \propto t^{2/3}$
④ $a(t) \propto t$

Q 50
トランジット法で得られる系外惑星の減光率についての記述のうち、正しいものを選べ。

① 減光率は主星の表面温度の4乗に比例する
② 減光率は主星の半径の2乗に比例する
③ 減光率は系外惑星の半径の2乗に比例する
④ 減光率は系外惑星の公転周期に比例する

Q 51
光速度に比べて無視できないほどの高速度で運動している宇宙船の窓から周囲の天体を眺めた。次のうち、正しい説明を選べ。

① 天体の色は、天体の本来の色と比べて常に赤みがかる（波長が長くなる）
② 天体の色は、天体の本来の色と比べて常に青みがかる（波長が短くなる）
③ 静止時には前方に位置していたはずの天体が後方にずれて見える
④ 静止時には後方に位置していたはずの天体が進行方向にずれて見える

Q 52

赤方偏移 z を用いて表したハッブル＝ルメートルの法則で正しいものを選べ。ただし、ハッブル定数を H、距離を r、光速を c とする。

① $z = Hr$　　② $z = \dfrac{H}{c} r$

③ $z = \dfrac{H}{r}$　　④ $z = \dfrac{H}{cr}$

Q 53

閉じた宇宙の曲率パラメータ k の値はいくつか。

①0　　②∞　　③−1　　④1

Q 54

赤道座標（α、δ）において、赤経 α はどのように測るか。

① 春分点から東回りに0°〜360°とする

② 春分点から東回りに0時〜24時とする

③ 春分点から東回りに0°〜180°、西回りに0°〜−180°とする

④ 春分点から東回りに0時から東12時、西回りに0時から西12時とする

Q 55

銀河座標での天体の位置を（l、b）、距離を r とする。太陽を原点、銀河中心方向を x 軸、銀河面を $x-y$ 平面、銀河北極方向を z 軸とする直交座標系（x、y、z）では、この天体の（x、y、z）座標はどのように表されるか。

① （$r \sin b \sin l$、$r \sin b \cos l$、$r \cos b$）

② （$r \sin b \cos l$、$r \sin b \sin l$、$r \cos b$）

③ （$r \cos b \sin l$、$r \cos b \cos l$、$r \sin b$）

④ （$r \cos b \cos l$、$r \cos b \sin l$、$r \sin b$）

③ $a(t) \propto t^{2/3}$

フリードマン＝ルメートル方程式で宇宙項を無視すると、閉じた宇宙（$k=1$）、平坦な宇宙（$k=0$）、開いた宇宙（$k=-1$）の古典的なビッグバン宇宙モデルが得られる。とくに平坦な宇宙では $k=0$ であり、$a(t) \propto t^{2/3}$ となる単純な基本解が得られる。

宇宙項を入れた場合の解も調べられており、かつてはルメートル宇宙などと呼ばれていたが、宇宙の加速膨張が観測的に発見された後、指数的に膨張する加速膨張解に対して、時間のべき関数で膨張する古典解は減速膨張解と呼ばれるようになった。（☞参考書6章61節）

③ 減光率は系外惑星の半径の 2 乗に比例する

系外惑星の半径を R_P、主星の半径を R_*、表面温度を T とすると、観測される投影面積で見積もった主星の光度はだいたい $\pi R_*^2 \sigma T^4$ で、系外惑星が隠す量はだいたい $\pi R_P^2 \sigma T^4$ となる。したがって、減光率は、

$$減光率 \sim \frac{\pi R_P^2 \sigma T^4}{\pi R_*^2 \sigma T^4} \sim \frac{R_P^2}{R_*^2}$$

ぐらいとなり、系外惑星の半径の2乗に比例することがわかる。（☞参考書6章62節）

④ 静止時には後方に位置していたはずの天体が進行方向にずれて見える

宇宙船が光速度近くで運動している場合、「光行差」により、（宇宙船から見ると）進行方向にたくさんの天体が集中して見えるようになり、その一方で後方には数少ない天体がまばらに見えることになる。その結果、（遠方の観測者からみて）宇宙船の後方からくる光でさえも、（宇宙船から見ると）あたかも前方から入射するように見えることになる。

天体の色については、「ドップラー効果」により、前方に位置する天体からの光は青みがかり（波長が短くなり）、後方からの天体の光は赤みがかる（波長が長くなる）。天体の方向によってドップラー効果による波長のズレの程度が異なるため、宇宙船の窓からは進行方向を中心としたリング状の天体の虹のようなものが見えることになる。（☞参考書6章63節）

② $z = \dfrac{H}{c}r$

後退速度を v とすると、ハッブル＝ルメートルの法則は $v = Hr$ のように表せる。赤方偏移が1より十分に小さい領域では、$\dfrac{v}{c} = z$ の関係があるので、赤方偏移 z を用いると、ハッブル＝ルメートルの法則は $z = \dfrac{H}{c}r$ と表せる。（☞参考書1章10節、6章59節）

④ 1

フリードマン＝ルメートル方程式を解いて得られる基本的な宇宙モデルでは、宇宙は、開いた宇宙（$k = -1$）、平坦な宇宙（$k = 0$）、閉じた宇宙（$k = 1$）に大別される。方程式の解からは原理的には任意の正の値を取りうるが、スケールを規格化することにより $k = 1$ に帰着されるので、④が正答となる。

② 春分点から東回りに0時〜24時とする

天球座標のうちでもっとも重要な赤道座標は、地球の赤道を天球上に投影した天の赤道を基準とする。また天の赤道上の基準点としては、黄道と天の赤道が交わる2点のうち、太陽が南半球から北半球へ横切る点を春分点とする。そして、この春分点から東回りに、一周360°を24時間として、0時から24時の時間で測る。また赤緯 δ は、天の赤道から天の北極方向へ0°〜90°、天の南極方向へ0°〜−90°で測る。（☞参考書付録3）

④ ($r \cos b \cos l$、$r \cos b \sin l$、$r \sin b$)

銀河座標の定義から、x 座標は、距離 r を $\cos b$ で投影したものをさらに $\cos l$ で投影する。y 座標は、距離 r を $\cos b$ で投影したものをさらに $\sin l$ で投影する。z 座標は距離 r を $\sin b$ で投影する。そのため、④が正答となる。（☞参考書付録3）　第6回正答率34.0%

3章

EXERCISE BOOK FOR ASTRONOMY-SPACE TEST

宇宙開発

Q1　ロケットに使用される貯蔵型推進剤（貯蔵性推進剤）にはいろいろな組み合わせがある。次のうち、ロケット用として不適当な組み合わせを選べ。

① メタンと酸素

② エアロジン50と四酸化二窒素

③ ヒドラジンと過酸化水素水

④ モノメチルヒドラジンと四酸化二窒素

Q2　ロケット打ち上げ時の天候条件について、H-ⅡAロケットで要求として設定されていないものを選べ。

① 地上風の最大瞬間風速が20.9 m/s以下であること

② 降雨量が8 mm/h以下であること

③ 射場から10 km以内に雷が観測されていないこと

④ 霧、靄などの発生時、視界が100 m以上あること

Q3　種子島宇宙センターの大型ロケット発射場の射点は、H-ⅡA用のLP1、H-ⅡB用のLP2の2つがある。その射点間距離は約500 m離れているが、なぜそんなに離れているのか。

① 地形を考慮して建設するためそうならざるを得なかった

② どちらかの射点でロケットが爆発した際に他方の射点の設備等を守るため

③ 日本の法律で距離が定められているため

④ ロケットと射場系設備（テレメータ、コマンド、レーダー）との電波リンクを考えたため

Q4 ロケットシステムの冗長系の考え方で、最も理想的なものを次から選べ。

① 主系は丈夫な材料等で極力確実に作動するようにし、冗長系は軽量化等を考慮し最小限の構成でよい

② 主系と冗長系とも同一設計、同一構成とする

③ 主系と冗長系は、機能は同じだが別の設計思想による別構成とする

④ 主系、第1冗長系、第2冗長系のように冗長系を増やしていくほど良い

Q5 次のロケットの比較図で、ロケットの図と名前の組み合わせが間違っているものを選べ。

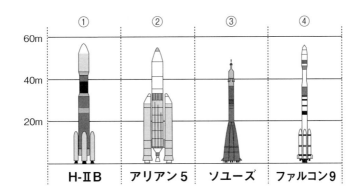

① メタンと酸素

①の組み合わせは、どちらも液化状態（極低温）でなければ、密度が足りず、ロケットの推進系としては非力である。したがって①が正答となる。
②エアロジン50と四酸化二窒素は、N-Ⅱロケットの第2段の推進薬として、③ヒドラジンと過酸化水素水は、開発初期の小型ロケットの推進薬として、④モノメチルヒドラジンと四酸化二窒素は、共産圏のロケットに例があるが、日本ではロケットではなく、人工衛星の推進薬として使用されている。

第16回正答率30.5%

 ④ 霧、靄などの発生時、視界が100ｍ以上あること

地上風、降雨量、雷については、次の理由で制約している。風の制約はロケットがリフトオフする際に風にあおられ地上設備と干渉することを避けるため。強い降雨は、ロケット機体内への水分の混入を避けるため。ロケットへの放電は電子機器に悪影響を与えるためである。水分や雷に打たれた場合の対策は取られているが、影響部分や程度によっては失敗につながるので避けるようにしている。

第14回正答率52.5%

 ② どちらかの射点でロケットが爆発した際に他方の射点の設備等を守るため

推進剤に使われている液体酸素や液体水素は高圧ガス保安法により規制されているが、ロケットの打ち上げにおいては特別充填許可を得ているため、それは適用されない。固体ロケットについては、火薬類取締法が適用されるが、その使用量から500ｍもの距離は必要ない。
JAXA独自の安全距離と米空軍規定（AFR-127-100）を踏まえて設定したもので、射点設計当時最大のロケットの打ち上げを想定した爆発時のファイアーボール（爆轟球）は半径500ｍ以内と計算されている。そのため、どちらかの射点でロケットが爆発した際に他方の射点の設備等を守るため、その距離が置かれている。

第13回正答率58.4%

③ 主系と冗長系は、機能は同じだが別の設計思想による別構成とする

ロケットにおいては、推進薬タンク、固体ロケット、構造系などを除いた電源系・通信系・火工品系などには極力二重冗長構成を採用している。主系が何らかの理由で動作しない場合には冗長系により動作を保証するというものである。

H-ⅡAロケット6号機で固体補助ロケットのSRB-Aのノズル付近から燃焼ガスが噴出し、SRB-Aの分離系統にダメージを与え分離できずに指令破壊された。この際、主系のみならず冗長系もダメージを受けたため、冗長構成が機能できなかったのだ。この例を踏まえると、ここで採用すべき冗長系の考え方は③である。

① 主系も冗長系も同様に確実性をもったシステムを採用すべきである。

② これは次善の策ではあり、現行のロケットのほとんどはこの設計である。

③ 主系が動作しない理由はさまざま考えられるので、同一設計の冗長系では同一の原因で動作しないことが可能性としては残る。よって、主系と違う設計、技術、原理等の冗長系が理想的とされている。これを異種冗長構成という。

④ 理論的には冗長系が多いほど機能保証はできるが、過剰にすればいいものではなく、他に悪影響を与える（重量増加、電力消費増等）ことがある。 第15回正答率49.5%

 ④

①は日本の基幹ロケットであるH-ⅡB。H-ⅡAの改良型として2009年から9機連続打ち上げ成功。全長56.6 m、低軌道に16.5トンの打ち上げ能力を有する。

②は欧州宇宙機関（ESA）開発、アリアンスペース社が営業する商用ロケット。全長54.8 m、低軌道に20トンの打ち上げ能力を有する。

③はロシアの開発したロケット。全長49.5 m、低軌道に7.8トンの打ち上げ能力を有す。

④の図は中国の長征3号で、全長56.3 m、低軌道に12トンの打ち上げ能力を有する。ファルコン9はアメリカの民間企業スペースX社の開発したロケットで、全長70 m、低軌道に22.8トンの打ち上げ能力を有する。 第15回正答率27.5%

3 章

宇宙開発

103

Q6

H-ⅡAロケットやH3ロケットの「H」は何に由来するか。

① 水素
② 日の丸
③ ギリシャ文字
④ 8番目の開発機体

Q7

ロケットの推進力として光子を利用する光子ロケットを提唱したのは次の
うち誰か。

① ヘルマン・オーベルト
② オイゲン・ゼンガー
③ コンスタンチン・ツィオルコフスキー
④ ロバート・バサード

Q8

地球において、高度1000 kmでの気圧は地上（高度0 m）と比べてどれ
くらいだろうか。最も近いものを選べ。

① 10^{-3}倍
② 10^{-5}倍
③ 10^{-7}倍
④ 10^{-9}倍

Q9 1877年にイタリアの天文学者ジョヴァンニ・スキアパレッリは、望遠鏡で火星を観察し、表面に見られた構造をイタリア語で「カナリ」(Canali)と名付けた。この意味するものは何か。

① 水路
② 運河
③ 岩塊
④ 山脈

Q10 NASAのアポロ計画では、アポロ11号で月着陸を成功させたが、その後で月着陸しなかったのは何号か。

① アポロ12号
② アポロ13号
③ アポロ14号
④ アポロ15号

Q11 2018年に国際水星探査計画「ベピコロンボ」で打ち上げられた探査機についての説明として誤っているものを選べ。

① 最終目的地である水星には、2025年に到達する予定である
② 地球、金星、水星とのスイングバイを合計9回行って、軌道を調整する
③ 水星周回軌道に入ったあと、JAXAの探査機と欧州宇宙機関の探査機に分離される
④ JAXAの探査機は、水星表面の地形や化学組成を調べることを目的としている

① 水素

日本のロケットの名称には、宇宙科学研究所（ISAS）のペンシルロケット、ベビーロケットに始まり、カッパ（K）、ラムダ（L）、ミュー（M）とギリシャ文字がしばらく使われた。宇宙開発事業団（NASDA）の初期に打ち上げられたロケットにQ´があり、その後開発されたロケットには、K、L、Mに続くニュー、また「日本」の頭文字として、Nが使用された（N-Ⅰ、N-Ⅱ）。

その後に開発された大型ロケットは、第2段の燃料として高性能の水素を用いたことから、水素（hydrogen）の頭文字をとってHロケットという名称になった。

第16回正答率33.6%

② オイゲン・ゼンガー

ドイツ（オーストリア＝ハンガリー二重帝国）のオイゲン・ゼンガー（1905～1964）が提唱したとされる。ヘルマン・オーベルト（1894～1989）はドイツのロケット工学者で、コンスタンチン・エドゥアルドヴィチ・ツィオルコフスキー（1857～1935）はロシアのロケット研究者。ロバート・バサード（1928～2007）はアメリカの物理学者で、ラムジェット推進の研究に貢献した。

④ 10^{-9} 倍

国際宇宙ステーションの軌道高度は約400 kmで、その高度での気圧は大体 10^{-5} kPa程度と言われている。地上での気圧は1気圧で約100 kPa。よって、高度400 kmで既に地上気圧の 10^{-7} 倍。高度1000 kmではさらに圧力が格段に低くなり、真空度が増す。

第4回正答率22.9%

① 水路

スキアパレッリは、自分が観察した火星の筋状構造に、イタリア語で溝や水路を意味する「カナリ」という名前をつけ、それをいくつもスケッチした火星図を作った。そして「カナリ」が英語に訳される際、人工の運河をあらわすキャナル（canal）と訳されたことにより、火星には運河がある、と思われるようになった。運河を作った高度な文明をもつ火星人がいるに違いない、という考えが広まり、当時は多くの火星人物語も作られた。後の探査により、火星表面には大規模な洪水の跡や網目のような（恐らく水による）浸食地形が見つかったが、19世紀の望遠鏡の精度で見えていたとは考え難い。極冠やダストストーム（巨大な砂嵐）によって見える、火星表面の薄暗い模様の濃淡を、筋状構造として認識したと考えられる。

 ② アポロ13号

アポロ13号は、月に向かう途中で機械船の酸素タンクが爆発し、月面着陸を断念した。そして、乗組員は一時的に着陸船に避難し、月を周回して地球に帰還した。月着陸には失敗したものの、全員が生還したことから「成功した失敗」ともいわれる。

 ④ JAXA の探査機は、水星表面の地形や化学組成を調べることを目的としている

国際水星探査計画「ベピコロンボ」で2018年に打ち上げられたのは、JAXAの水星磁気圏探査機「みお」と、欧州宇宙機関（ESA）の水星表面探査機「MPO」の2つの周回探査機である。2020年4月に地球、2020年10月と2021年8月に金星とスイングバイを行い、残りの6回は水星とのスイングバイである。2025年に水星周回軌道に入り、それぞれの探査機を分離する。水星の地殻は薄く、鉄からなる核は比較的大きい。「みお」はこの金属核がつくり出す磁場の調査を目的としている。④は「MPO」の目的なので誤りであり、④が正答となる。

第13回正答率53.2%

Q12 次にあげる彗星探査機の名称と探査機の目的の組み合わせとして誤っているものを選べ。

① 名称：スターダスト　　　　　　目的：サンプルリターン
② 名称：ディープインパクト　　　目的：インパクターの打ち込み
③ 名称：ロゼッタ　　　　　　　　目的：着陸機投入
④ 名称：ディープスペース1　　　　目的：彗星核への突入

Q13 超小型衛星の規格の1つであるキューブサットでは、一辺が x cmの立方体を1つのユニットとしている。x の値はいくらか。

① 10
② 30
③ 50
④ 100

Q14 実際に宇宙に行った人工衛星や探査機のうち、本体の実機が地球上に存在するものは次のうちどれか。

① スペース・フライヤー・ユニット（SFU）
② 小惑星探査機「はやぶさ」
③ 赤外線天文衛星「あかり」
④ 宇宙ステーション補給機「こうのとり」

Q 15

最近の天文衛星は太陽－地球系の第2ラグランジュポイント（L₂）に設置されるものが多い。次のうち、L₂に設置されなかった天文衛星を選べ。

① ウィルキンソン・マイクロ波異方性探査機「WMAP」
② 遠赤外線宇宙望遠鏡「ハーシェル」
③ 系外惑星探査衛星「ケプラー」
④ 位置天文観測衛星「ガイア」

Q 16

惑星探査機における発電に関する記述で、誤っているものを選べ。

① ボイジャーなどの過去の惑星探査機は原子力電池を用いていた
② 宇宙用の原子力電池は、放射性物質の崩壊熱を電力に変換している
③ 現在までに太陽電池のみの発電で木星まで到達した探査機は存在しない
④ JAXAは原子力電池を用いずに木星まで航行する計画を検討中である

Q 17

ツィオルコフスキーの公式はロケットの方程式として有名であるが、彼自身が描いたロケットの設計図で、矢印が指す、図の右上に書かれている「человек」とは何を表すものか。

① 液体燃料
② 爆弾
③ 人間
④ 運搬物

④ 名称：ディープスペース1　　目的：彗星核への突入

① 「スターダスト」は1999年打ち上げのNASAの探査機。ヴィルト第2彗星からのサンプルリターンが目的で2006年に無事サンプルリターンを成功させた。
② 「ディープインパクト」は2005年打ち上げのNASAの探査機で、同年テンペル第1彗星へインパクターを打ち込んだ。
③ 「ロゼッタ」は2004年打ち上げのESAの探査機で、2014年にチュリュモフ・ゲラシメンコ彗星へ到着し、着陸機「フィラエ」の投下を成功させた。
④ 「ディープスペース1」は1998年にNASAが打ち上げた探査機。イオンエンジンなどの技術試験の後、2001年にボレリー彗星への近接探査を行い、彗星核の撮影を成功させたが、突入は目的ではない。

 ① 10

キューブサットの最小の単位は10 cmの立方体で、これを1つのユニットとして1Uという。また、1Uのユニットが3つ並んで構成されると3Uと呼ばれる。キューブサットは、その低コスト、開発期間の短さから、企業のみならず、多くの大学・高専の研究室でも研究・開発が進められている。地球の撮影、通信ほか、さまざまな技術実証の目的で打ち上げられることが多い。

第14回正答率46.8%

 ① スペース・フライヤー・ユニット（SFU）

SFUは1995年に打ち上げられ、宇宙空間での天文観測や各種実験を行なった後、1996年1月に、スペースシャトル「エンデバー」にて、若田光一宇宙飛行士が操縦するロボットアームにて回収され、地上に持ち帰られた。このSFU本体は現在では上野の国立科学博物館に展示されている。「はやぶさ」は2010年に地球に帰還したが、本体は大気圏突入時に燃え尽きた。「あかり」はクライオスタットの試験モデルが名古屋市科学館に展示されているが、実際に宇宙に行った実機ではない。「こうのとり」は国際宇宙ステーションに物資などを届けた後、大気圏に突入し燃え尽きる。

③ 系外惑星探査衛星「ケプラー」

太陽－地球系の第2ラグランジュポイント（L$_2$）は、地球から見て太陽と反対側に150万km離れた位置にある。ここだと太陽と地球が常に同じ位置にあることから、衛星が熱的に安定するなどの利点がある。そのため、望遠鏡を冷却する「ハーシェル」や、高い熱的安定性が求められる「WMAP」や「ガイア」はL$_2$に設置された。「ケプラー」は、地球を追いかけるように太陽の周りを回る「地球追尾軌道」に投入された。

第8回正答率16.8%

 ③ 現在までに太陽電池のみの発電で木星まで到達した探査機は存在しない

探査機の電力は、太陽電池によってまかなわれることが多いが、太陽から遠く離れた外惑星を探査する惑星探査機では、太陽電池による発電では電力をまかなうことは難しかった。NASAの木星探査機「Juno」は、原子力電池を用いずに太陽電池のみで発電し、木星まで到達した初めての探査機である。JAXAは薄膜太陽電池を展開して木星でも発電できるソーラー電力セイル探査機「OKEANOS」による木星トロヤ群探査を計画中である。

第8回正答率51.3%

 ③ 人間

この図は1903年に発表された「反動機械を用いる宇宙の探査」と題する論文にあるロケットの設計図である。「ч е л о в е к」とは人間の意味で、この設計図に描かれているように、コンスタンチン・ツィオルコフスキーは人間を運ぶという有人ロケットとして設計した。

第9回正答率27.0%

Q 18 スペースシャトルに搭乗した宇宙飛行士が、打ち上げ直前に緊急避難するように指示された場合、発射台の上から避難する方法はどれか。

① 発射台のエレベータで地下道まで降りて避難する
② 発射台の上からパラシュートを付けて、地上まで飛び降りて避難する
③ 発射台の上からゴンドラにのって地上まで降りて避難する
④ スペースシャトルの座席についた小型エンジンで打ち上げられて座席ごとパラシュートで地上に避難する

Q 19 1992年に毛利衛宇宙飛行士は、宇宙環境が生物の概日性リズム（1日の生体リズム）に及ぼす影響を調べる実験を行った。その実験のサンプルを次から選べ。

① アサガオ
② チューリップ
③ 鯉
④ アカパンカビ

Q 20 宇宙空間に10日間、直接さらされて生き延びた生物を次から選べ。

① ノミ
② 線虫
③ クマムシ
④ カツオブシムシ

Q 21 スペースデブリ（宇宙ゴミ）に関する次の記述のうち、正しいものを選べ。

① 隕石などの自然物体のうち、特に宇宙機と衝突する可能性がある大型のものをスペースデブリと呼ぶ

② アメリカ空軍の定常的な観測により、直径数mmレベル以上のスペースデブリは、ほとんどカタログに登録され、常時監視されている

③ スペースデブリの発生防止のため、静止衛星は運用終了後に静止軌道から遠ざけることが推奨されているが、低軌道衛星は運用終了後に放置しておいても特に問題はない

④ 国際宇宙ステーションでは、直径1 cm以下のスペースデブリはバンパで防御し、100 cm以上のスペースデブリは軌道制御により衝突を回避する

Q 22 JAXAの英語名称を選べ。

① Japan Aerospace Exploration Agency

② Japan Aeronautics Exploration Agency

③ Japan Aerospace Experimental Agency

④ Japan Aeronautics Experimental Agency

③ 発射台の上からゴンドラにのって地上まで降りて避難する

スペースシャトルの宇宙飛行士が、打ち上げ直前に緊急避難する場合、発射台の上からすばやく離れた地上まで降りることができるように、発射台の上から斜めに張られたワイヤーにゴンドラが取り付けられている。宇宙飛行士はそれに乗って、固定用のフックを外して、ゴンドラで離れた地上に滑り降りる。ゴンドラの着地点には装甲車がおいてあり、宇宙飛行士はその装甲車に搭乗し、自ら運転して、危険の迫った発射台から避難する手順となっていた。 第13回正答率20.8%

④ アカパンカビ

静岡県立大学の三好泰博教授を代表研究者とした、概日性リズムを有するアカパンカビのバンド突然変異株を用いて、そのバンド形成が宇宙環境でも保たれるかを調べる実験を、毛利衛宇宙飛行士がスペースシャトル「エンデバー」のスペースラブ内で行った。結果として、概日性リズムは宇宙環境でも維持されることがわかった。 第15回正答率15.4%

③ クマムシ

クマムシは2007年9月に宇宙実験衛星「Foton-M3」にて宇宙に打ち上げられて、10日間、宇宙空間の真空状態と温度変化にさらされたが、生存できた。 第16回正答率68.0%

A 21

④ 国際宇宙ステーションでは、直径 1 cm 以下のスペースデブリはバンパで防御し、100 cm 以上のスペースデブリは軌道制御により衝突を回避する

隕石などの自然物体は、スペースデブリではなく、メテオロイドと呼ばれている。カタログに登録され、常時監視されているのは、10 cm以上の比較的大きなデブリである。低軌道衛星も運用終了後に大気圏に突入させるなど、デブリにならないように対策をとる。

第3回正答率56.3%

A 22

① Japan Aerospace Exploration Agency

JAXAの日本語フルネームは「宇宙航空研究開発機構」で、英語では"Japan Aerospace Exploration Agency"となる。
一方、アメリカ航空宇宙局 NASAのフルネームは"National Aeronautics and Space Administration"となっている。
ちなみに、"X"はExperimental から実験機の型番に使われることが多いが、JAXAの場合はExploration（探査とか開発）からきている。

第15回正答率52.7%

4章

EXERCISE BOOK FOR ASTRONOMY-SPACE TEST

天文学その他

Q1 ギリシャ文字の大文字と小文字の組み合わせで、誤っているものを選べ。

① 大文字：B　　　小文字：β

② 大文字：Γ　　　小文字：γ

③ 大文字：L　　　小文字：λ

④ 大文字：Σ　　　小文字：σ

Q2 ギリシャ文字で、ファイでない文字を選べ。

①　ψ　　②　ϕ　　③　φ　　④　Φ

Q3 単位記号Cはどう読むか。

① カンデラ

② クーロン

③ ケルビン

④ セルシウス

Q4

1 Paの換算として正しい単位を選べ。

① 1 kg m^2 s^{-2}
② 1 kg m s^{-2}
③ 1 kg m^{-1} s^{-2}
④ 1 kg m^{-2} s^{-2}

Q5

1838年に、フリードリヒ・ヴィルヘルム・ベッセルは恒星の年周視差の測定に初めて成功した。ほぼ同時期にフリードリヒ・フォン・シュトルーベやトーマス・ヘンダーソンもベッセルとは別の星で成功している。次のうち、彼ら3人が最初に測定に成功した星ではないものはどれか。

① ベガ
② 61 Cyg
③ α Cen
④ バーナード星

Q6

球対称降着流を1952年に初めて解析したのは誰か。

① アーサー・エディントン
② エルンスト・マッハ
③ ヘルマン・ボンディ
④ ユージン・ニューマン・パーカー

③ 大文字：L　　小文字：λ

ギリシャ文字λの大文字はΛである。他は正しい組み合わせ。したがって③が正答となる。

 ① ψ

①はギリシャ文字のプサイ（Ψ）の小文字である。
②は小文字のファイ、③は小文字の異字体（筆記体）のファイ、④は大文字のファイである。したがって正答は①となる。

 ② クーロン

単位記号はその単位に関連した科学者の頭文字が使われることが多い。たとえば力の単位N（読み方は「ニュートン」）はアイザック・ニュートンからきている。

Cは電荷の単位で「クーロン」と読み、フランスの物理学者シャルル・ド・クーロンにちなんで付けられた。

「ケルビン」は絶対温度（熱力学温度）の単位Kの読み方であり、イギリスの物理学者で、絶対温度目盛りの必要性を説いたケルビン卿ウィリアム・トムソンにちなんで付けられた。

「セルシウス度」はセルシウス温度（摂氏度）の単位℃の読み方であり、スウェーデンの天文学者アンデルス・セルシウスに由来する。

なお「カンデラ」は光度の単位cdの読み方で、ラテン語の"candela"（ろうそく）を由来としている。

③ 1 kg m^{-1} s^{-2}

Pa（パスカル）は圧力の単位で、1 m^{2}に1 N（ニュートン）の力が掛かるもの。1 N＝1 kg m s^{-2}なので、1 Pa＝1 kg m^{-1} s^{-2}となる。天気予報ではhPa（ヘクトパスカル、1 hPa＝100 Pa）が使われ、1気圧＝約1000 hPaである。 第14回正答率34.0%

④ バーナード星

まずベッセルが61 Cygに対して、続いてヘンダーソンがα Cen、シュトルーベがベガに対して年周視差の測定に成功した。バーナード星は見かけの等級が9.5等と暗いが、固有運動の最も大きな星として知られている。エドワード・エマーソン・バーナードが、1894年と1916年に撮影された同じ領域の2枚の写真の比較から1916年に発見したもので、バーナード星という名がついた。年周視差が相次いで測定され始めたのは1838年以降だが、当時バーナード星はまだ知られていなかった。

③ ヘルマン・ボンディ

アーサー・エディントンは1920年代に星の構造を調べた。
エルンスト・マッハは音速を単位として流れの速さを測るマッハ数やマッハ原理で有名。
ユージン・ニューマン・パーカーは太陽から吹き出す太陽風の理論を1958年に提唱した。
それよりも少し早い1952年に、ヘルマン・ボンディが球対称降着流の理論解析を行った。
今日でもボンディ解と呼ばれる基礎概念で、ブラックホール・シャドウが発見されたM87銀河中心などでのブラックホール降着流にも適用される。 第13回正答率27.3%

Q7 「宇宙が無限に広いならば、夜空も明るいはず」ということを最初に指摘したのは誰か。

① トーマス・ディッグス
② ジャン・フィリップ・ロイ・ド・シェゾー
③ ハインリッヒ・オルバース
④ ヘルマン・ボンディ

Q8 一般相対性理論の観測的検証に用いられていない事項を選べ。

① 水星の公転軌道に生じる近日点移動
② 太陽の近くに見える恒星の視位置のずれ
③ 天王星の公転運動の重力理論からの逸脱
④ 連星中性子星系における公転周期の減衰

Q9 大型電波望遠鏡で、過去に事故によって崩壊してしまったものを選べ。

① グリーンバンク・91 m電波望遠鏡
② ジョドレルバンク・76 mラヴェル電波望遠鏡
③ エフェルスベルク・100 m電波望遠鏡
④ パークス・64 m電波望遠鏡

持続時間が極めて短い電波現象が、2007年にオーストラリアの電波望遠鏡によって捉えられた。この電波現象によく似た波長の偽信号が発見されたが、その偽信号につけられた名称は何か。

① LGM
② セイレーン
③ ペリュトン
④ ディンゴ

古代エジプトのクフ王のピラミッドの玄室には、北と南の空へ向け「通気口」と呼ばれる穴が設けられているが、それらは特定の明るい恒星へ向けて作られたと考えられている。北側の通気口はどの恒星に向けられていたか。

① こと座α星（ベガ）
② こぐま座α星（ポラリス）
③ はくちょう座α星（デネブ）
④ りゅう座α星（ツバーン）

地球外知的生命探査（SETI）に関する記述として誤っているものを選べ。

① 地球外文明の数を推定する式としてドレイクの式が有名である
② オズマ計画は世界初のSETIとして知られている
③ 世界中の個人のコンピューターをつないで地球外文明からの信号を探すSETI＠homeは現在も続けられている
④ 日本でもSETIが実施されたことがある

① トーマス・ディッグス

この謎は一般に「オルバースのパラドックス」と呼ばれるが、オルバースが最初の提案者
ではない。この謎はディッグスによる『天空の軌道の完全な解説』（1576）で指摘された
のが最初とされている。その後シェゾーが1744年に、後にオルバースが1823年にこの
謎についての定量的な計算を示した。この謎についてボンディが1952年の著書の中で
「オルバースのパラドックス」と名付けて紹介したことでこの名称が広く一般に知られる
こととなった。

 ③ 天王星の公転運動の重力理論からの逸脱

天王星の軌道のふらつきからニュートン力学を用いて未知の惑星（海王星）の存在が予言
され、海王星の発見につながった。この軌道のふらつきは一般相対性理論とは無関係であ
るため③が正答となる。他の記述は、全て一般相対性理論の観測的検証に用いられ、一般
相対性理論の正しさを示すものとなっている。 第13回正答率55.8%

 ① グリーンバンク・91 m 電波望遠鏡

1988年に、グリーンバンク・300フィート（91 m）電波望遠鏡がアンテナ支持機構の一
部が突然抜け落ちたことにより倒壊した。最近では、2020年にアレシボ・305 m電波望
遠鏡の受信機が下にある反射鏡に落下して崩壊している。 第14回正答率29.8%

③ ペリュトン

持続時間がわずか数ミリ秒というこの電波現象は高速電波バースト（FRB）として知られており、爆発的現象を伴う天体が発生源と推測されているが、まだ未解明の現象である。紛らわしい偽信号ペリュトンは、天文台のランチタイムによく発生することがヒントとなり、電子レンジから漏れた電波によるものと判明した。ペリュトンは神話上の動物。ちなみにLGM（Little Green Man, 緑の小人）は発見当初にパルサーにつけられていた名称として知られている。

第14回正答率13.5%

 ④ りゅう座α星（ツバーン）

クフ王のピラミッドの北側の通気口はツバーンへ向くように作られていた。なお、クフ王のピラミッドが建設された紀元前2500年頃はツバーンが北極星だった。北極星は地球自転軸の歳差運動により時代とともに入れ替わり、西暦10000年頃にはデネブ、14000年頃（あるいは紀元前12000年頃）はベガが北極星となる。

第15回正答率39.6%

 ③ 世界中の個人のコンピューターをつないで地球外文明からの信号を探す SETI @ home は現在も続けられている

1995年に始まったSETI@homeは、世界中の個人によるボランティアでの分散コンピューティングへの参加として大成功を収めたが、2020年3月に終了した。①、②、④は正しい記述であり、国内でも西はりま天文台などでSETIが実施されたことがある。

第10回正答率34.0%

Q 13 日本人と火星のかかわりについて、誤っているものを選べ。

① 火星のクレーターの名前になっている日本人がいる
② 日本人が初めて望遠鏡で火星を見たのは明治時代になってからである
③ 日本は探査機を火星周回軌道に投入させていない
④ 1877年の大接近時には西郷星とも呼ばれた

Q 14 土星の環を最初に環と認識した人物を選べ。

① ガリレオ・ガリレイ
② クリスティアン・ホイヘンス
③ ジョヴァンニ・カッシーニ
④ ヨハン・エンケ

Q 15 海王星が発見されたのは1846年だが、それ以前に図らずも海王星の観測記録を残していた人物は誰か。

① ティコ・ブラーエ
② ガリレオ・ガリレイ
③ ユルバン・ルヴェリエ
④ ジョン・クーチ・アダムズ

望遠鏡を使って天体を見た最初の人物とされるのは誰か。

① ティコ・ブラーエ
② ハンス・リッペルハイ
③ トーマス・ハリオット
④ ガリレオ・ガリレイ

火星の第1衛星フォボスと第2衛星ダイモスについての記述で誤っているものを選べ。

① フォボスの方が大きい
② フォボスが先に発見された
③ 双方とも同一人物によって発見された
④ 双方とも公転軌道はほぼ真円（非常に小さい離心率）である

A 13 ② 日本人が初めて望遠鏡で火星を見たのは明治時代になってからである

江戸時代にも望遠鏡で火星を見た日本人はいた。そのうちの一人が自ら望遠鏡を製作した岩橋善兵衛。彼は火星のスケッチも残していて、著書『平天儀図解』に収められている。

火星のクレーターには京都大学教授であった宮本正太郎や大阪市立電気科学館のプラネタリウム解説員であった佐伯恒夫の名前が採用されている。

日本はこれまでに火星探査機「のぞみ」を打ち上げたが、残念ながら火星周回軌道投入には至らなかった。

1877年の火星大接近のときは、火星の中に軍服姿の刀を持った西郷隆盛の姿が見えると話題となり、西郷星と呼ばれた。 第15回正答率69.2%

A 14 ② クリスティアン・ホイヘンス

望遠鏡で最初に土星の環を見たのはガリレオ・ガリレイだが、環であるという認識はなかった。環であることを最初に認識したのはクリスティアン・ホイヘンスで、1655年のことである。 第13回正答率42.9%

A 15 ② ガリレオ・ガリレイ

1612年と1613年のガリレイによる木星4大衛星の観測で背景の恒星として記録された星は、逆行へ移行中で天球面上をほとんど動いていなかった海王星だった（Standish & Nobili 1997）。

ブラーエは天体望遠鏡を使っていないので海王星は見えない。ルヴェリエとアダムズはどちらも海王星発見にかかわった人物であるが、未知の惑星（海王星）の位置を予測した理論屋であり、観測はしていない。 第14回正答率14.9%

③ トーマス・ハリオット

ブラーエは、肉眼で精密な天体観測を行っており、望遠鏡は使っていない。リッペルハイは実用的な望遠鏡を制作したが、当時の望遠鏡は地上の遠くを見るためのものだった。1609年7月26日にハリオットは初の望遠鏡で見た月のスケッチを残した。その約4カ月後にガリレイは自作の望遠鏡で天体観察を始めた。したがって③が正答となる。

第12回正答率12.9%

② フォボスが先に発見された

第2衛星ダイモスは1877年8月12日に、第1衛星フォボスは同年8月18日にどちらもアサフ・ホールによって発見された。したがってダイモスの方が先に発見されているので②が誤りであり、②が正答となる。他は正しい記述である。

第13回正答率11.7%

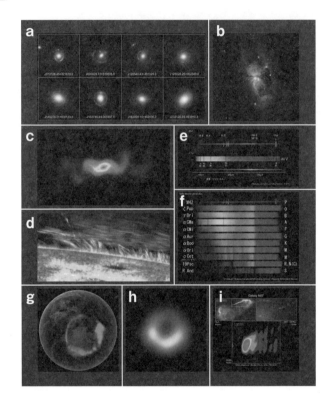

Q18

図のa〜iは『極・宇宙を解く』の裏表紙の画像である。この9点の画像のうち、天の川銀河の外の天体はいくつあるか。

① 2つ　　② 3つ　　③ 4つ　　④ 5つ

Q19

旧暦（太陰太陽暦）についての記述で、誤っているものを選べ。

① 新月を含む日を一日とし、次の新月を含む日の直前の日までを1カ月とする

② 1カ月の長さは、29日の小の月か、30日の大の月のいずれかになる

③ 暦と季節のずれは、閏月を加え、1年を13カ月にすることで調整する

④ 閏月は19年間に6回加えられる

Q 20 英語の水曜日（Wednesday）の語源として正しいものを選べ。

① ギリシャ神話のヘルメスに由来する

② ローマ神話のメルクリウスに由来する

③ 北欧神話のオーディンに由来する

④ 水を司る精霊ウンディーネに由来する

Q 21 西暦2200年、2222年、2300年、2400年の年のうち、うるう年となる年は何組か。

① 1組

② 2組

③ 3組

④ 4組

Q 22 大安・仏滅などの六曜について、正しい記述を選べ。

① 六曜とは「大安」「仏滅」「先勝」「友引」「赤口」「土用」からなる

② 六曜は月齢を知る目安として昔から使われてきた

③ 六曜は中国においても暦を作る上で重要であった

④ 六曜が暦につけられるようになったのは明治の改暦以降である

② 3つ

天の川銀河の外の天体は、a：系外銀河の重力レンズ像（アインシュタインリング）、h：M 87銀河のブラックホール・シャドウ、i：M 87銀河の宇宙ジェットの3点。他は、b：星形成領域S106、c：特異星SS 433の電波ジェット、d：太陽表面、e：ベガの水素スペクトル線、f：主系列星のスペクトル、g：地球のオーロラオーバルで、いずれも天の川銀河の中の天体である。

第12回正答率30.7%

④ 閏月は19年間に6回加えられる

1年は365.2422日、1朔望月は29.530589日である。これから、19年＝365.2422日×19＝6939.6018日、235朔望月＝29.530589日×235＝6939.688415日であり、19年と235朔望月はわずか0.0921日しか違わない。このことは、19年間に235回月が満ち欠けを繰り返すことを意味する。235＝12×19＋7となるので、1年を12カ月とすると7カ月余ることになる。このことから、閏月は19年間に7回加えられることになり、6回と記載されている④の記述が誤りとなる。したがって④が正答となる。他は正しい記述である。

第14回正答率45.4%

③ 北欧神話のオーディンに由来する

ラテン語を源流とする言語では曜日はローマ神話の神の名前に由来するが、英語はゲルマン民族の言語を源流とするため、曜日も北欧神話に登場する神の名前に由来するものが多い。水曜の場合、ローマ神話のメルクリウスと同一視されたオーディンである。

① 1組

その年がうるう年（1年が366日の年）となるか、平年（1年が365日の年）となるかは、次の3つの条件で決められる。まず、西暦が4の倍数となる年をうるう年、倍数でない年を平年とする。ただし、西暦が100の倍数の場合は平年とする。しかし、西暦が400の倍数のときはうるう年とする。以上の条件から、2200年は4の倍数であるが、100の倍数でもある。しかし400の倍数ではない。したがって、この年は平年となる。次に、2222年は、2222＝2000＋200＋20＋2なので、4の倍数ではないため、平年となる。2300年も4の倍数で、100の倍数でもあるが、400の倍数ではないので、これも平年となる。2400年は、4の倍数であり、100の倍数でもあるが、400の倍数でもある。したがってこの年はうるう年となる。このため、うるう年となるのは2400年だけで、①が正答となる。

④ 六曜が暦につけられるようになったのは明治の改暦以降である

六曜とは「大安」「仏滅」「先勝」「友引」「赤口」「先負」である。旧暦には、二十四節気などの暦注が正式なものとしてつけられていたが、六曜が暦注につけられた例は日本にはなく、中国にもないとされている。明治の改暦において、暦注を正式な暦に書くことが禁止されたことにより、禁止された「由緒正しい」旧来の暦注の代わりに、これまでは暦注とは思われていなかった六曜が法の隙間を縫って使われるようになったと考えられている。このように日本式の六曜は、暦に関する数々の迷信の中でもきわめて根拠に乏しく由緒もあまり定かでない。にも関わらず六曜が冠婚葬祭を中心とする現代の生活にも少なからず影響しているのはまさに日本的である。

5章
EXERCISE BOOK FOR ASTRONOMY-SPACE TEST

天文時事

Q1 はやぶさ2拡張ミッションの最終目的地となっている天体を選べ。

① 1998 KY$_{26}$ ② 1998 SF$_{36}$
③ 1999 JU$_3$ ④ 2001 AV$_{43}$

Q2 2021年、民間による初めての商用宇宙旅行を行った宇宙船の名前を選べ。

① クルードラゴン
② ブルーオリジン
③ ニューシェパード
④ ベゾス

Q3 2019年に発見された、観測史上2例目となる恒星間天体を選べ。

① オウムアムア
② ボリソフ彗星
③ アトラス彗星
④ アロコス

Q4 2023年2月に環の発見が発表された太陽系外縁天体を選べ。

① セドナ
② エリス
③ クワオアー
④ キロン

Q5 2021年までに重力波で観測されたブラックホール同士の合体現象のうち、最も重いブラックホールを形成したものを選べ。

① GW150914　② GW170817
③ GW190521　④ GW190924

Q6 2024年1月、JAXAの月探査機「SLIM」が日本の無人探査機として初めて月面着陸に成功した。この結果、日本は、探査機の月面軟着陸に成功した何番目の国になったか。

① 3番目　② 4番目
③ 5番目　④ 6番目

Q7 2024年4月現在、太陽からの距離が80億km以上離れた場所にいる探査機は何台か。

① 2台　② 3台
③ 4台　④ 5台

Q8 国際天文学連合は2019年に太陽系外惑星命名キャンペーンを実施し、日本からは「HD 145457 b」の命名がなされた。この系外惑星とその主星（恒星）につけられた名称を選べ。

①「カムイ」と「ノチウ」
②「ふぅし」と「ちゅら」
③「ちゅら」と「カムイ」
④「ノチウ」と「ふぅし」

① 1998 KY₂₆

「はやぶさ2」は小惑星リュウグウのサンプルを2020年12月に持ち帰った後、次の天体を目指す拡張ミッションに入っている。拡張ミッションでは、2026年7月に小惑星2001 CC₂₁をフライバイした後、2027年12月と2028年6月の2度の地球スイングバイを経て、2031年7月に小惑星1998 KY₂₆にランデブー予定である。よって正答は①。なお、1998 SF₃₆は小惑星イトカワ、1999 JU₃は小惑星リュウグウのことである。また、小惑星2001 AV₄₃は、拡張ミッションの目的地の最終候補に残った天体である。 第12回正答率47.9%

③ ニューシェパード

米アマゾン・ドット・コムの創業者ジェフ・ベゾス氏ら一般客4人を乗せた自動操縦の宇宙船「ニューシェパード」が、2021年7月20日に、初の商用宇宙旅行を行った。「ニューシェパード」はベゾス氏の設立した宇宙企業ブルー・オリジンが打ち上げた。「クルードラゴン」は民間宇宙企業スペースXが開発した有人タイプの宇宙船である。

② ボリソフ彗星

ボリソフ彗星は2017年に発見されたオウムアムアに次いで2番目に発見された恒星間天体である。太陽に接近する前に発見されたため詳細な観測が行われ、太陽系の彗星に比べ含まれる一酸化炭素の量が非常に多いことなどがわかっている。なおアトラス彗星は2020年に発見され、肉眼彗星になるかもしれないと期待されたものの核が崩壊してしまった彗星、アロコス（2014 MU₆₉）は探査機「ニューホライズンズ」が接近観測した太陽系外縁天体である。

③ クワオアー

クワオアーが恒星を隠す、掩蔽（えんぺい）と呼ばれる現象を詳細に観測することで環が発見された。太陽系外縁天体に環が発見されたのはハウメアに続き2例目、惑星以外の天体としてはカリクロー（小惑星）、ハウメアに続く3例目となる。なお、④のキロンはケンタウルス族に分類される天体で、土星と天王星の間を公転しているため、一般に太陽系外縁天体には含めない。 第16回正答率32.8%

③ GW190521

GW190521は150太陽質量程度のブラックホールが形成され、中間質量ブラックホールへの成長過程が見えたのではないかとも考えられている。

GW150914は初めて観測された重力波事象。

GW170817は初めて観測された中性子星の合体。

GW190924はこれまでで最も軽い連星ブラックホールである。

③ 5番目

初めて月面に探査機を軟着陸させたのはソ連で、1966年の「ルナ9号」。続いたのがアメリカで、同年に「サーベイヤー1号」を着陸させることに成功している。その後、しばらくは両国以外の探査機が月に降り立つことはなかったが、2019年に中国が「嫦娥4号」を着陸させた。しかも同機は、史上初めて月の裏側に着陸した探査機となった。2023年にはインドの月探査機「チャンドラヤーン3号」が着陸。「SLIM」の月面軟着陸成功は、これに続く5番目。

④ 5台

2024年4月現在、太陽からの距離が80億km以上離れた場所にいる探査機は、「ボイジャー1号」「ボイジャー2号」「パイオニア10号」「パイオニア11号」「ニューホライズンズ」の5台である。

③「ちゅら」と「カムイ」

惑星には「ちゅら」、主星である恒星には「カムイ」と名付けられた。

なお、アイヌ語では「ノチウ」は星、「カムイ」は神または霊的存在のこと、また沖縄の方言では「ちゅら」は美しいこと、「ふぅし」は星のことを意味する。

第15回正答率63.7%

Q 9

SI接頭語のクエタが表す値を選べ。

① 10^{-30}

② 10^{-27}

③ 10^{27}

④ 10^{30}

Q 10

次の図は超大型望遠鏡の複合鏡の模式図だが、鏡の形式と望遠鏡名の組み合わせのうち、誤っているものはどれか。ただし、鏡の大きさは実際の口径ではなく比較のために同等にしてある。

① TMT

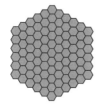

② JWST

③ Keck

④ LAMOST

次のうち、JWSTのファーストライト画像でないものを選べ。

①

②

③ 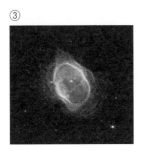　④

Q12 2023年はプラネタリウムにとって、ある節目の年であった。どんな年であったか。

① 日本に初めてプラネタリウムが設置されてから100年
② 初めて国産のプラネタリウムが完成してから100年
③ 世界で初めてプラネタリウムが公開されてから100年
④ デジタル式のプラネタリウムが登場してから50年

④ 10³⁰

大きい桁や小さい桁に対応するため、2022年の国際度量衡総会で4つのSI接頭語が追加された。

10^{-30}　クエクト　q　(quecto)
10^{-27}　ロント　　r　(ronto)
10^{27}　　ロナ　　　R　(ronna)
10^{30}　　クエタ　　Q　(quetta)

である。
太陽の質量は2×10^{30} kgなので、2クエタキログラムとなる。　第15回正答率24.2%

 ① TMT

現代の超大型望遠鏡は複数の鏡を組み合わせて大きな口径とする複合鏡が主流となりつつある。

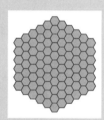

①はTMTではなくHobby-Eberly望遠鏡（アメリカ、マクドナルド天文台の91枚の鏡で有効口径9.2 m）、TMTは六角形の鏡492枚で口径30 m。

②は2021年12月に上がったJames Webb Space Telescopeで、18枚の鏡で口径6.5 m。

③はアメリカ、ハワイにあるKeck望遠鏡で、36枚の鏡で口径10 m。

④は中国科学院国家天文台のLarge Sky Area Multi-Object Fiber Spectroscopic Telescopeで、24枚の鏡で口径4 m相当にしている。この望遠鏡は名前のとおり、ファイバー多天体分光に特化した望遠鏡。　第14回正答率21.3%

①

②、③、④はJWSTのファーストライト画像として公開されたもの（©NASA, ESA, CSA, and STScI）で、②はカリーナ星雲の近赤外＆中間赤外合成画像、③は南のリング星雲の近赤外画像、④はステファンの5つ子銀河群の近赤外画像である。一方、①はすばる望遠鏡で観測されたS106星雲の近赤外画像（©NAOJ）。

第14回正答率49.6%

③ 世界で初めてプラネタリウムが公開されてから100年

1923年10月21日、ドイツのカール・ツァイスが現在と同じ仕組みのプラネタリウムを公開した（ドイツ博物館への常設は1925年）。それから100年ということで、2023年から2025年にかけて「プラネタリウム100周年記念事業」として、さまざまなイベントなどが実施されている。

日本に初めてプラネタリウムが設置されたのは1937年、初めて国産のプラネタリウムが完成したのは1958年、デジタル式のプラネタリウムが登場したのは1983年のことである。

第13回正答率32.5%

6章

EXERCISE BOOK FOR ASTRONOMY·SPACE TEST

関連分野

Q1 星座の「や座」（Sagitta）の略号として正しいものを選べ。

① Sag

② Sat

③ Sge

④ Sgt

Q2 ヨハネス・ヘベリウスが星図上に記載した1670年の「はくちょう座新星」は、現在どの星座に属しているか。

① こぎつね座

② こと座

③ はくちょう座

④ や座

Q3 次のうちから、大小マゼラン雲が所属する星座ではないものを選べ。

① かじき座

② きょしちょう座

③ ケンタウルス座

④ テーブルさん座

国際天文学連合によって星座はそれぞれ天球上での領域が定められている。
1つの星座であるにもかかわらず、領域が2つに分かれている星座を選べ。

① へびつかい座
② へび座
③ みずへび座
④ うみへび座

次のうちから、徳川家康の存命中に日本で起きなかった天文現象を選べ。

① ハレー彗星の回帰
② 金環皆既日食
③ 肉眼で見える超新星の出現
④ 金星の太陽面通過

6章 関連分野

随筆『枕草子』で、著者である清少納言は、どのような月が風情があると
書いているか。

① 夕空に見える三日月
② 中秋の名月
③ 青空に見える下弦の半月
④ 明け方に見える細い月

③ Sge

星座の略号はラテン語の星座名の所有格（属格）に基づいている。や座の所有格は Sagittaeで略号はSgeである。 第14回正答率12.1%

 ① こぎつね座

1928年に現行の88星座の境界線が定められた際に、1670年の「はくちょう座新星」の位置はこぎつね座に属することとなったため、名称は「こぎつね座CK星」となった。なお、こぎつね座は1687年にヘベリウスによって設定された星座である。

第14回正答率41.1%

 ③ ケンタウルス座

小マゼラン雲はきょしちょう座に、大マゼラン雲はかじき座からテーブルさん座にまたがって位置している。

② へび座

へび座は、もともとはへびつかい座の一部であったが、2世紀にクラウディオス・プトレマイオスが独立した星座とした。しかしその後も17世紀のジョン・フラムスティードやヨハネス・ヘヴェリウスは1つの星座として扱っていたが、1922年の国際天文学連合総会でそれぞれ別の星座として確立され、ベルギーの天文学者ウジェーヌ・デルポルトによって現在の形に分割された。うみへび座は最大の星座だが、領域は1つである。

第8回正答率37.0%

④ 金星の太陽面通過

2023年放送のNHK大河ドラマの主人公になった徳川家康は、1543年に生まれ1616年に没している（生年については1544年という説も有力）。

ハレー彗星は1607年に回帰し、ヨハネス・ケプラーによる観測記録が残っている。金環皆既日食は1549年に起きているが、残念ながら皆既（または金環）帯は岩手県と秋田県しか通過しておらず、当時、家康がいた東海地方では部分日食であった。肉眼で見える超新星は家康の存命中に2つも出現している。1つ目は「ティコの星」とも呼ばれるSN 1572で、1572年〜1574年に肉眼で見える明るさとなった。2つ目は「ケプラーの星」とも呼ばれるSN 1604で、1604年〜1606年に肉眼で見られた。

金星の太陽面通過は1518年と1631年に起きたが、家康の生前または没後であり、存命中には1回も起きていない。

第15回正答率34.1%

④ 明け方に見える細い月

『枕草子』で有名な章段「星は　すばる。彦星。夕づつ。よばひ星すこしをかし。尾だになからましかば、まいて。」の前段に「月は　有明の、東の山ぎはにほそくて出づるほど、いとあはれなり。」とある。現代語に訳せば「月は、残月が、東の山のすぐ上の空にほっそりと出ているところが、実にしみじみとした風情がある。」であろうか。

Q7 藤原定家の『明月記』には、超新星に関して「客星觜・参の度に出づ。」と
いう記述がある。この觜・参は現在の星座ではどのあたりだろうか。

① 北極星の近傍
② はくちょう座の近傍
③ さそり座の近傍
④ オリオン座の近傍

Q8 「暁のしづかに星の別れ哉」
これは明治時代の俳人、歌人である正岡子規の俳句で、季語は「星の別れ」
である。どの季節を詠んだものか。

① 春
② 夏
③ 秋
④ 冬

Q9 アーシュラ・K・ル・グィン作のSF小説『所有せざる人々』の舞台となっ
た星系を選べ。

① ケンタウルス座 α 星
② くじら座 τ 星
③ くじゃく座 δ 星
④ カシオペヤ座 η 星

Q10 映画『スターウォーズ』に出てくる宇宙要塞デス・スターは、人類が生活できる天体「エンドアの聖なる緑の月」の衛星軌道上で建造された。このデス・スター（直径およそ160 km）と最も大きさが近い天体を選べ。

① 木星の衛星ガニメデ
② 準惑星ケレス
③ 太陽系外縁天体アルビオン
④ 中性子星

Q11 海外TVドラマ『スタートレック』に登場するワープ技術は、どの理論に基づくものか。

① ワープバブル理論
② ワームホール理論
③ トランスワープ理論
④ 亜空間トンネル理論

Q12 フレッド・ホイルは元素合成や定常宇宙論などで著名な天文学者であるが、一方でSF作家でもある。映画『スピーシーズNEO』はホイルのあるSF小説を原作としているが、それはどれか。

①『暗黒星雲』
②『秘密国家ICE』
③『アンドロメダのA』
④『10月1日では遅すぎる』

④ オリオン座の近傍

黄道十二星座は、太陽の運行にもとづいて黄道を12に分割して決めている。一方、古代中国の星座である「二十八宿（twenty－eight lunar mansions）」は、月の運行に基づいて決めている。月は約27.3日かけて天球を一周するので、27あるいは28に分割するとちょうどいいわけだ。二十八宿では月が一晩ごとに宿る星座・星宿が決められていて、

　　角、亢、氐、房、心、尾、箕
　　斗、牛、女、虚、危、室、壁
　　奎、婁、胃、昴、畢、觜、参
　　井、鬼、柳、星、張、翼、軫

となっている。そして觜・参はちょうどオリオン座のあたりに相当する。なお、黄道十二星座の出発点は春分点（現在のうお座）だが、二十八宿の起点は秋分点に近い「角宿、おとめ座中央部」にある。また、それぞれの星宿の中で西端に位置する比較的明るい星を「距星」と呼んでいる。そして東隣の距星との間の領域を、その距星の名前を付けた「〜宿」と呼んでいる。

第12回正答率37.1%

③ 秋

ここでの星とは七夕の星のことで、秋の明け方に白む空に静かに沈んでいく2つの星、織姫と彦星が静かに別れを告げていることを詠んでいる。七夕に関する季語は、秋の季語である。

第14回正答率36.9%

② くじら座τ星

『所有せざる人々』の舞台は、タウ・セチ（くじら座τ星）にある二重惑星アナレスとウラスであり、そこに住む人々の社会を描いた物語であるが、実際にそのような惑星が発見されている訳ではない。くじら座τ星は地球から約12光年の距離にあり、スペクトル型はG型、質量も太陽の約8割と似ており、ほかにも「スタートレック」など数々の作品の舞台として登場している。また、地球外知的生命探査（SETI）の「オズマ計画」でもターゲットに選ばれた。

③ 太陽系外縁天体アルビオン

初代デス・スターは直径120 km、2代目デス・スターは直径160 kmという設定。ケレスは940 km、ガニメデは5260 km、アルビオンは120 km、中性子星は20 km程度である。なお2012年にホワイトハウス宛に3万4435人によるデス・スターの建造陳情書が提出されたが、却下されている。

① ワープバブル理論

ワープ航法とは、光速の数千倍もの速度で船を移動させるテクノロジーである。ワープバブルによる航法では、亜空間の泡（バブル）の膜で宇宙船を覆うことで宇宙定数をゼロに近づけ、それによって通常空間を光の何千倍ものスピードで（滑るように）移動する。ワープバブル理論によるワープ航法は（実用化されてはないが）、科学者によって真面目に議論されていて、遠い将来には実用可能かもしれない。トランスワープ航法やワームホール航法では、チューブ状の亜空間の中を飛行するものだが、科学的な根拠は薄いとされる。

③『アンドロメダのA』

『アンドロメダのA』は宇宙からの信号にDNA合成の情報が含まれていて、それに基づく生物をつくったら……という話で、1961年にイギリスでテレビシリーズが放映、2006年に映画化された。映画の邦題は『スピーシーズNEO』と付けられた。なお、『アンドロメダのA』には、続編『アンドロメダ突破』がある。『暗黒星雲』は深宇宙から飛来した"暗黒星雲"が太陽を隠してしまって大変なことになるが、実は"暗黒星雲"は……という話。『10月1日では遅すぎる』は時間SFの傑作。

Q 13

日の出前にオリオン座と金星が見えている。同じ地点で同じ日時に同じ星空が見えるのは何年後か。

① 1年後
② 8年後
③ 12年後
④ 29年後

Q 14

冬の星座のオリオン座と夏の星座のさそり座は、天文学的な目でみるといろいろな共通点が見られる。次のうちから誤っているものを選べ。

① ともに1等星に赤色超巨星がある
② 星座の主要な星が、青い主系列星や巨星からなる
③ 両方とも全体が天の南半球にある
④ OBアソシエーションの星が多数ある

Q 15

日本で最初にプラネタリウムが設置された都市はどこか。

① 東京
② 横浜
③ 大阪
④ 明石

次の文は2016年4月1日に施行された宇宙基本法の第二条である。
【 A 】に当てはまるものを選べ。
「宇宙開発利用は、月その他の天体を含む宇宙空間の探査及び利用における
国家活動を律する原則に関する条約等の宇宙開発利用に関する条約その他
の国際約束の定めるところに従い、日本国憲法の 【 A 】 の理念にのっと
り、行われるものとする。」

① 基本的人権の尊重
② 民主主義
③ 平和主義
④ 国民主権

次のうちから、国旗に星（太陽を含む）がデザインされていない国を選べ。

① トンガ
② シリア
③ ブラジル
④ ベトナム

A 13　② 8年後

金星の公転周期は0.615年である。この値に近い最も簡単な既約分数は8/13である。それは地球が8回公転する間に金星が13回公転するということである。したがって8年後に同じ星空が見える。

第6回正答率60.4%

A 14　③ 両方とも全体が天の南半球にある

オリオン座はほぼ赤道上にあり、上半身は天の北半球である。一方、さそり座は全体が天の南半球にある。ともに数百～千数百光年という肉眼で見える恒星としては遠距離に、星座をつくる主要な星がある。にもかかわらずよく見えるのは、星形成から時間がたっていない、若く明るく、しかも寿命が短い星が多いからである。また、これらは各々共通の星間分子雲に由来するOBアソシエーションの星を多数含んでいるからである。

第8回正答率67.2%

A 15　③ 大阪

日本で初めてプラネタリウムが設置されたのは大阪市立電気科学館で、1937（昭和12）年のこと。その翌年には東京に日本で2番目のプラネタリウムとなる東日天文館が開館した。太平洋戦争終結前に日本に設置されたプラネタリウムはこの2館のみ。横浜にプラネタリウムが設置されたのは1962（昭和37）年（神奈川県青少年センター）、明石にプラネタリウムが設置されたのは1960（昭和35）年（明石市立天文科学館）のこと。なお、明石市立天文科学館のプラネタリウムは、日本国内で、現役で稼働しているものとしては最古である。

第12回正答率35.7%

A 16 ③ 平和主義

いずれも日本国憲法における重要な原則だが、宇宙基本法の第二条では宇宙の平和的利用を謳っている。

A 17 ① トンガ

トンガの国旗は左上に赤の十字架を配している。
シリアは緑の星が2つ、ブラジルは9つの星座が、ベトナムは黄色の星が1つ配されている。

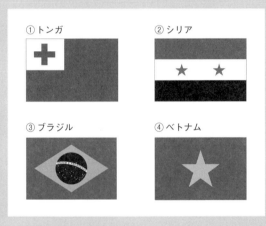

① トンガ　② シリア

③ ブラジル　④ ベトナム

第15回正答率29.7%

監修委員 (五十音順)

池内 了.........総合研究大学院大学名誉教授

黒田武彦.........元兵庫県立大学教授・元西はりま天文台公園園長

佐藤勝彦.........東京大学名誉教授・明星大学客員教授・日本学士院会員

沢 武文.........愛知教育大学名誉教授

柴田一成.........京都大学名誉教授・同志社大学客員教授

土井隆雄.........宇宙飛行士・京都大学特定教授

福江 純.........大阪教育大学名誉教授

吉川 真.........宇宙航空研究開発機構准教授・はやぶさ2ミッションマネージャ

天文宇宙検定 公式問題集
1級 天文宇宙博士 2024〜2025年版

天文宇宙検定委員会 編

2024年4月30日 初版1刷発行

発行者　　　片岡　一成
印刷・製本　株式会社ディグ
発行所　　　株式会社恒星社厚生閣
　　　　　　〒160-0008
　　　　　　東京都新宿区四谷三栄町3番14号
　　　　　　TEL　03 (3359) 7371 (代)
　　　　　　FAX　03 (3359) 7375
　　　　　　http://www.kouseisha.com/
　　　　　　https://www.astro-test.org/

ISBN978-4-7699-1703-8 C1044

（定価はカバーに表示）